国家出版基金项目
NATIONAL PUBLICATION FOUNDATION

传世技艺

服装手工高级定制技艺研究 1

制板技术卷

吴国英　许才国　著

东华大学 出版 社

· 上海 ·

图书在版编目 (CIP) 数据

传世技艺：服装手工高级定制技艺研究. 1, 制板技术卷 / 吴国英, 许才国著.
一上海：东华大学出版社，2021.1
ISBN 978-7-5669-1862-8

I. ①传… II. ①吴… ②许… III. ①服装设计－制板工艺 IV. ① TS941

中国版本图书馆 CIP 数据核字 (2021) 第 011096 号

责 任 编 辑：徐 建 红
技 术 编 辑：季 丽 华
书 籍 设 计：东华时尚

出　　　　版：东华大学出版社（地址：上海市延安西路1882号　邮编：200051）
本 社 网 址：dhupress.dhu.edu.cn
天猫旗舰店：http://dhdx.tmall.com
销 售 中 心：021-62193056　62373056　62379558
印　　　　刷：上海盛通时代印刷有限公司
开　　　　本：889mm×1194mm　1/16
印　　　　张：10.75
字　　　　数：360千字
版　　　　次：2021年1月第1版
印　　　　次：2021年1月第1次印刷
书　　　　号：ISBN 978-7-5669-1862-8
定价（三册）：298.00元

作者简介

吴国英

　　服装高级（一级）技师，浙江理工大学服装学院兼职教授，杭州市技师协会委员会专家。担任服装手工高级定制技术总监和技术导师25年，是四家手工高级定制服装企业和一家"手工高级定制服装技术研发中心"创始人。致力于服装高级定制技术的研究和实践，主要研究中国红帮裁缝技艺与英式高级定制服装技艺，并将两种技艺进行融合与创新，拥有服装手工高级定制技术专利18项，发表论文多篇。获得首届"杭州工匠"和"浙江省工匠"称号、杭州市高技能人才政府津贴等。成立"吴国英服装设计服装定制技能大师工作室"，积极传授技艺，培养服装手工高级定制技术人才。

许才国

　　宁波大学昂热大学联合学院副教授，香港理工大学纺织与制衣系访问学者，宁波大学"一带一路"研究院（浙江省新型智库）研究员。主要从事定制服装设计研究、品牌服装设计与理论研究、皮革服装设计研究、时尚产业经济研究。出版"十二五"普通高等教育本科国家级和其他部委级规划教材共计5本，发表论文多篇，多次获得国内外服装设计奖项，担任服装企业兼职设计师，多次指导学生获得全国服装设计赛事奖项。

前　言

从广义上讲，除了批量生产的成衣以外，所有依照个人特点制作的服装都属于定制服装。其分类以及表现形式多种多样，说法不一。作为服装的一个分支，定制服装在业内通常分为高级定制服装与普通定制服装两个等级。

高级定制服装与普通定制服装的区别

	高级定制服装	普通定制服装
设 计	由顶级服装设计师或设计团队负责设计，代表着本品牌的最高设计水平，为顾客度身定制，力求服装与人体完美契合，充分体现顾客的精神气质	视经营规模而定，有的小规模定制店并没有自己的设计师，多为经营者根据顾客需求进行设计制作
材 料	用料考究，多选用工艺精良、性能稳定的高档材料。强调个性，常采用限量定制材料或买断材料的方式来防止定制服装被仿制，从而确保顾客定制的服装是独一无二的	为了降低成本，多选用普通的面料、辅料来制作服装
工 艺	全手工制作，强调精湛的手工工艺，制作时不厌其"繁"，力求极致	非全手工制作，只在局部采用手工制作，其制作工艺相对简单
顾 客	多为身份特殊的高端客户，如政界要人、王室贵族、商业巨子、豪门名媛、社会名流等，以及其他一些非常讲究品质的高收入者	多为追求个性、乐于表达自己的一般高收入者，或是特体人群
成 本	面向高端客户的专属定制服装，其设计、工艺、材料等成本都相对较高，用于经营与销售的公关成本及提升品牌形象的费用也较高	由于产品面向一般高收入者，而这些顾客对服装价格较为敏感，所以需尽量控制成本

从顾客的消费情感体验角度来说，区分高级定制服装与普通定制服装的关键因素是从事高级定制业务的品牌企业在定制业务中所提供的服务质量。高级定制服装品牌企业从顾客一开始步入店堂到服装的设计、制作、试穿、修正，直至成品交付，再到后期的产品维护与再续业务，都会围绕着定制业务一丝不苟地为顾客提供全方位、高水准的服务，顾客在此过程中尽享高级定制所带来的身心愉悦。

高级定制服装的定义

高级定制服装是一种为少数具有高品质生活方式的人群服务的单量单裁手工定制服装，由高级定制品牌的顶级设计师或团队为顾客亲力打造，具有顶级的设计、优质的材料、精湛的做工、高昂的价格等特征，通常适用于特定的场所。

在西方服装高级定制行业，对男女高级定制服装的定义或称谓是有所区别的。在女装领域，世界公认的高级定制服装叫 Haute Couture（高级女装），多特指法国高级女装；而在男装领域，世界公认的则是英国萨维尔街出品的 Fully Bespoke（全定制），即英式高级定制，是全球政要、皇室成员、各界明星定制服装的首选。

本套书研究的服装手工高级定制技艺属于全定制，在传承中国红帮裁缝传统手工技艺的基础上，还融合了萨维尔街英式高级定制服装的古老手工技艺。

服装手工高级定制流程

服装高级定制是采用专业技术对顾客进行一对一服务的过程。以一套西装为例，从开始到完成，整个流程一般需要花费 3 个月左右的时间，经过 2 次试样，包括下单后 1 个月左右第一次试样，2 个月左右第二次试样（具体时间取决于顾客配合试样的时间），然后再过 1 个月取衣。

定制流程如下所示：

1. 第一次见顾客。了解顾客需求，明确定制服装使用的场合和时间等，协助顾客确定面料、款式并完成量体。
2. 根据顾客的订单，订购面料和里布。订购需要 2~3 周时间，在此期间进行一对一的制板。
3. 裁剪面料及配备辅料后，进行毛样制作。需花费大约 25 小时，手工针累计 3 500 针左右，方能完成符合人体立面形态的毛样缝制。
4. 约请顾客试样。第一次试样是毛样试穿，需处理毛样在人体静、动状态下的平衡度，并给出技术处理方案。
5. 技术方案处理。先在纸样上实施可行性操作，修正技术方案。然后将毛样全部拆掉，采用修正后的方案对衣片进行再裁剪。
6. 手工净样缝制。净样缝制需花费大约 30 小时，手工针累计 8 000 针左右。
7. 约请顾客二次试样。观察顾客的穿着效果，并给出细节处理技术方案。
8. 调整净样。先调整纸样，然后根据需要确定调整范围。拆净样花费的时间相当于缝制净样所需的时间。
9. 精工艺制作。通过手工缝制实现对已经完成立面造型衣片的定型作用，故需要使用手工针对不同衣片的每块立面进行密集型的缝制，并加入归拔熨烫工艺。从手工缝制到熨烫定型、冷却保型通常需花费大约 50 小时，累计手工针 12 000 针左右。
10. 约请顾客取衣。协助顾客最后一次试衣，并告知顾客日后如果身材发生变化，可以随时调整服装的放量，以达到合体效果。

服装手工高级定制技艺的传承

长期以来，在服装领域，师徒传承模式、技术保护主义导致手工高级定制技艺成为一门普通人很难学到的高端手艺，再加上服装手工高级定制的很多操作技巧很难用语言文字来精确表达和描述，所以国内外至今尚未有非常完整系统地介绍服装手工高级定制技艺的书籍出版。

本套书分《制板技术卷》《毛样缝制技术卷》《精工艺制作技术卷》3 卷，采用图解形式，分步骤详细地记录、解密服装手工高级定制的全部技艺，系统完整地传授服装手工高级定制以往密不外传的高端技艺。希望本套书的出版能够为我国服装手工高级定制技艺的研究和传承，以及人才培养作出贡献。

作　者

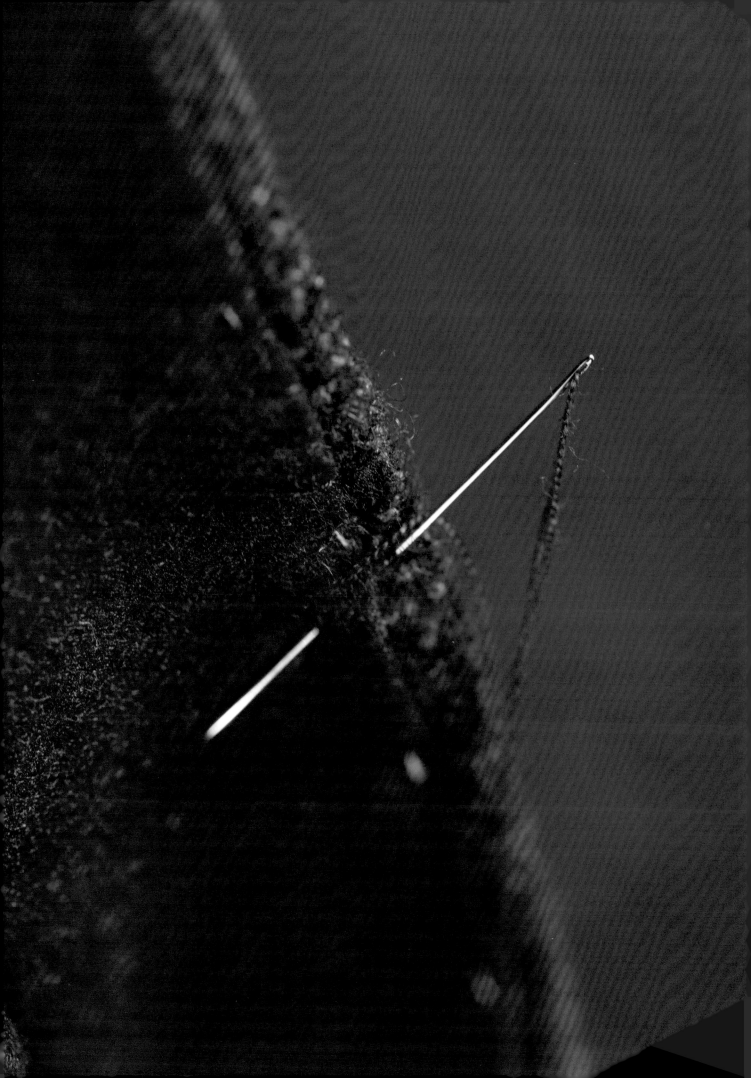

目 录

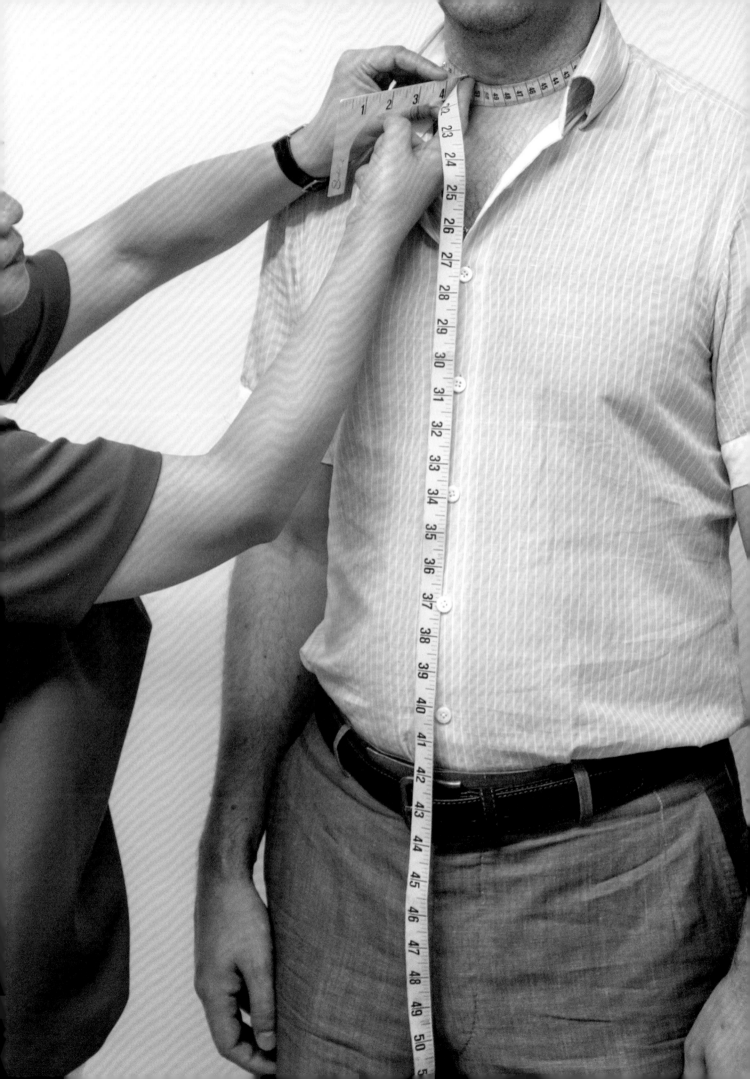

第一章
人体测量

- -

　　手工高级定制服装的人体测量并不单纯是测量人体三围尺寸的过程，而是一项美学与人体工学知识相结合的复合性技术，是为每一个不同体型的顾客进行测量并对测量数据进行技术处理的创造性工作。

　　手工高级定制服装人体测量涵盖三大内容：（1）通过观察记忆和拍照记录，对顾客的体型进行整体形态和局部特征分析；（2）运用测量工具测得顾客身体围度尺寸和定制服装长度的基本尺寸，以及反映顾客体型特征的局部尺寸；（3）通过测体信息给出定制服装的初步设计方案。

人体结构特征

一、人体部位与高级定制服装制板及工艺的关系

1. 头部

在服装制板中，头部涉及得比较少，通常只有在帽子、连帽衫的设计中，才需要考虑头部特征及其围度。

2. 颈部

颈部是头部与身体躯干的连接部分，相对来说，男性颈部粗而短，喉结凸出，颈围大于女性。与颈部相关的主要结构线是领圈线，高级定制西装的领圈线必须匹配人体颈型。

3. 肩部

通常男性肩部宽而平、肩膀浑厚，女性肩部则相对窄小。肩部造型是体现定制服装风格的要素之一，制板时，需结合定制顾客的肩部特征进行肩部造型设计，以使服装样板既能体现服装风格，又能符合顾客的形体特征。

4. 胸部

通常男性胸部厚实宽大，胸大肌为方形，乳峰不显著、相对平缓，男性定制西装需要通过手工扎衬和归拔熨烫工艺来塑造胸型，体现男士胸肌的健康美。女性胸部形态因人种、年龄、发育、营养、遗传等因素而有明显的差别，因此女性定制西装制板前要先确定顾客的胸型。女性西装制作工艺中最讲究的是胸衬的修剪造型、手工扎衬和熨烫归拔工艺。

5. 腰腹部

通常男性胸腰差、腰臀差都小于女性。高级定制西装腰腹部的造型既要表达胸、腰、臀比例的协调美，又要具备托起立面胸型的功能。

6. 臀部

指腰围线到下肢分界线之间的躯干部位。高级定制西装通常依据款式来塑造臀部形态，如通过提高后衩位来体现臀部特征等。

7. 躯干

躯干由颈、肩、胸、腰、臀五个部分组成，其中胸、腰、臀比例直接影响板型设计及服装造型。

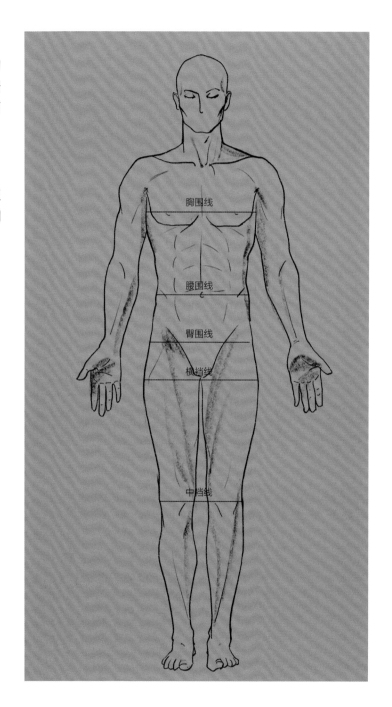

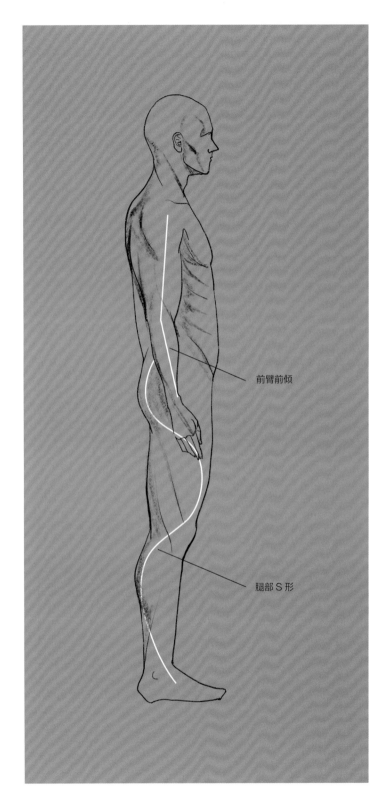

前臂前倾

腿部 S 形

8.上肢

上肢由上臂、前臂和手三个部分组成。手臂自然下垂时，从侧面看，前臂略向前倾斜。上肢的活动范围较大，包括前后摆动、上举、外展、内收、后伸，以及肘关节前屈，这些都与手工高级定制西装的手臂长度测量及袖子制板相关联。制板师需要掌握上肢活动规律，才能使袖子和袖窿的结构设计更加符合人体运动机能。

9.下肢

下肢由大腿、小腿和足部三部分组成，与服装制板关联较大的是胯部和腿部的形态特征。从正面看，大腿从上至下略向内倾斜，小腿则近乎垂直；从侧面看，大腿略向前弓，小腿略向后弓，呈 S 形曲线。

二、体型的分类与解析

1. 根据身体厚度划分

　　根据身体的厚薄程度,可分为厚体和扁体两大类别。在高级定制服装制板时,对相同围度、不同厚薄体型的顾客,其裁片尺寸分配与处理是不同的。

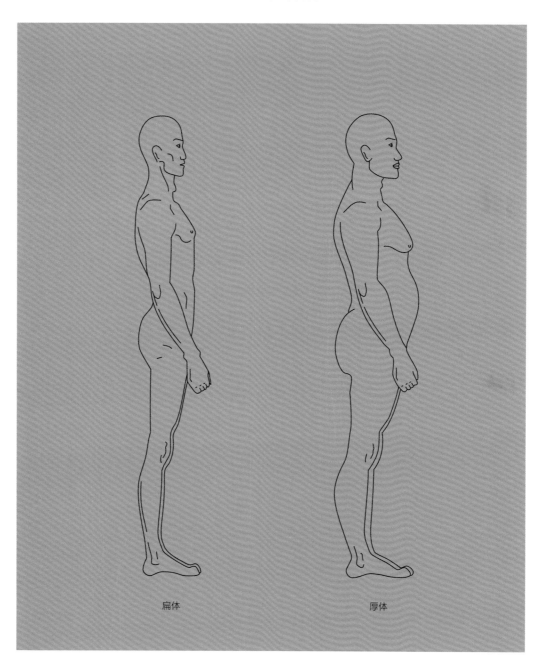

扁体　　　　　　　　　　　　　厚体

2.根据胖瘦程度划分

根据胖瘦程度，可分为胖体、肌肉体、瘦体三类。在高级定制服装制板时，相同身高的顾客不能按照成衣模式那样采用相同的号型系列，或者统一的号（高度尺寸）、少量档差的型（围度尺寸）来处理，而是需要根据不同体型单量单裁，定制板型。

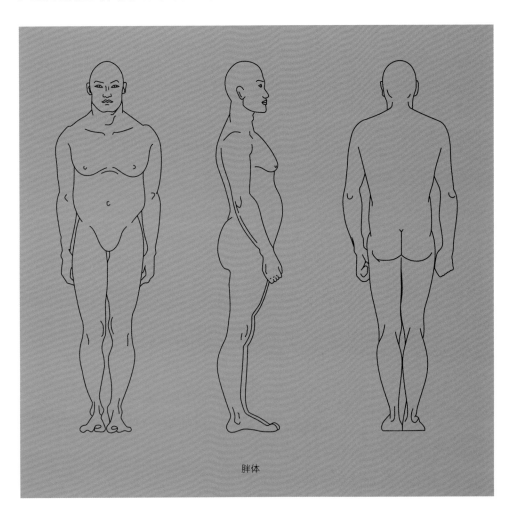

胖体

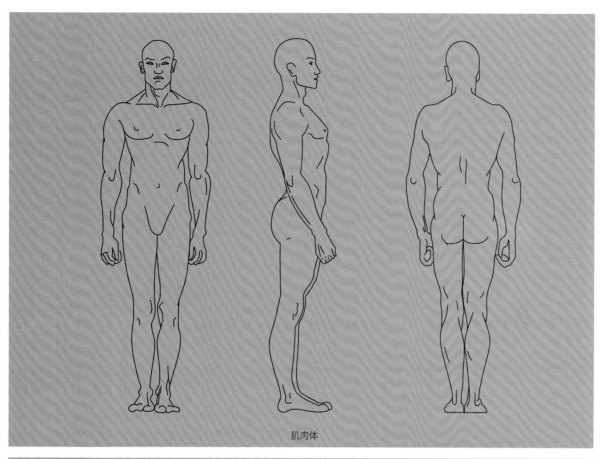

肌肉体

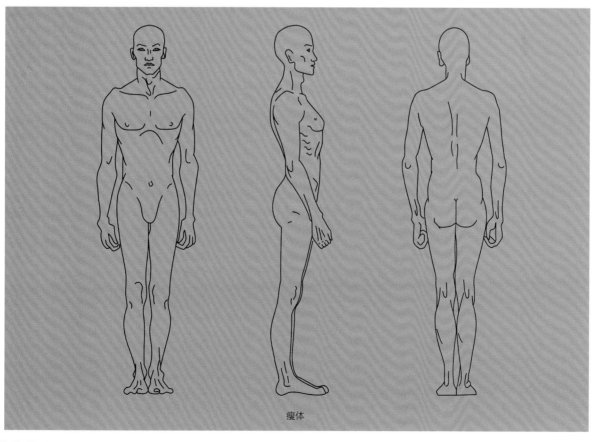

瘦体

3. 根据上下肢比例划分

根据上下肢比例可分为相对标准、上身长下身短和上身短下身长三类体型。

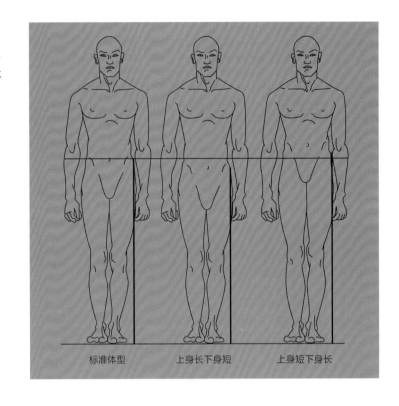

标准体型　　　上身长下身短　　　上身短下身长

4. 根据外形轮廓划分

根据外形轮廓可分为倒梯形体、梯形体、S 形体、O 形体等不同体型。如果身高、体重相同，但外形轮廓不同，其服装板型也不同，需要依据不同体型来量身定制。

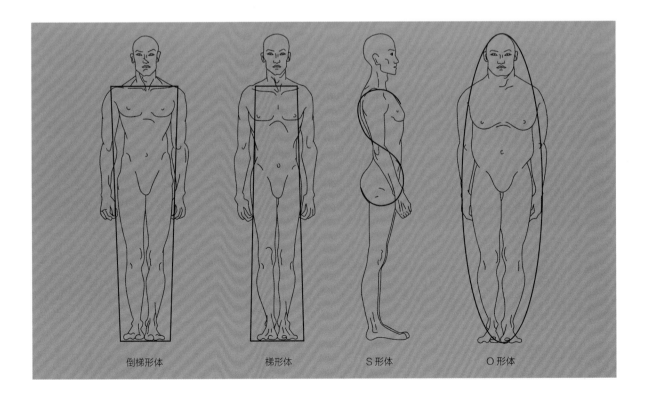

倒梯形体　　　　　梯形体　　　　　S 形体　　　　　O 形体

5. 根据身高因素划分

根据身高可分为中体、高体、矮体。

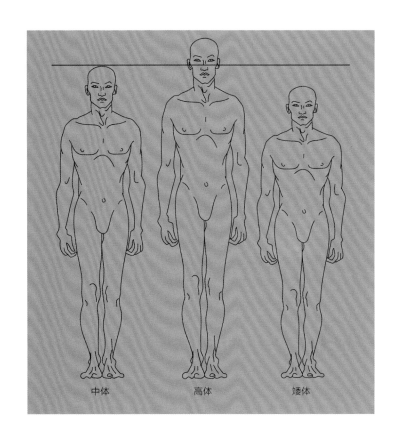

中体　　　　高体　　　　矮体

6. 根据站姿重心划分

通过大量定制案例样本分析得知，站姿重心相对标准的人体，从侧面观察，其肩点、胯点、外踝点呈一条直线，且这条直线与地面呈90°角。在手工高级定制中，这种体型被称为三点一线标准体型。而生活中常见的体型还包括前倾体和后仰体，站姿时从侧面看，其肩点、胯点、外踝点不在一条直线上。

提示：以上只是列举了一部分体型，根据不同的分类方法，还有很多其他体型。

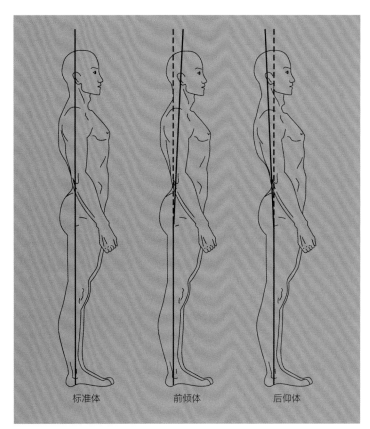

标准体　　　前倾体　　　后仰体

三、定制服装与人体结构特征的匹配

1. 不同风格定制服装与人体的匹配

量体及与顾客交流是手工高级定制流程中的第一个环节。通过交流，顾客希望量体师给出与自己将要出席的场合最匹配的衣着风格、色彩搭配等方面的专业建议。顾客除了能在店里看到各种风格的样衣外，还能选择各式各样精致的小部件，如西装上衣的领型、袋型、袖口型，裤子的腰型、袋型和脚口边等。在定制业务中，这些外在的服装部件造型设计，以及各式大小内袋等附件设计，均可根据顾客需求进行定制。为了彰显定制业务的专属性，还可以通过选择不同风格的里布，以及在衣服上手工刺绣顾客名字等方式来体现个人喜好。经验丰富的工作人员会根据顾客的体型特征和着装风格给出一些专业的建议，如面料色彩如何与肤色、季节、场合等相匹配。款式的选择通常取决于穿着场合与礼仪需要，如青果领适用于礼服的设计，平驳领适用于商务场合等。

2. 局部细节与人体的匹配

局部细节设计在手工高级定制中显得尤为重要，如口袋、衣领等上衣部件的尺寸设计和线条造型设计，可以体现顾客的个人风格，以及扬长避短修饰顾客的体型。

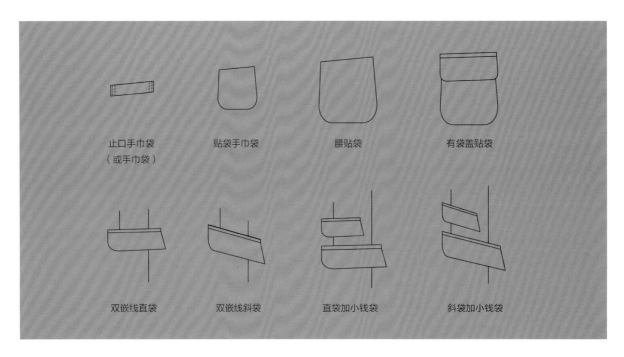

| 止口手巾袋（或手巾袋） | 贴袋手巾袋 | 腰贴袋 | 有袋盖贴袋 |

| 双嵌线直袋 | 双嵌线斜袋 | 直袋加小钱袋 | 斜袋加小钱袋 |

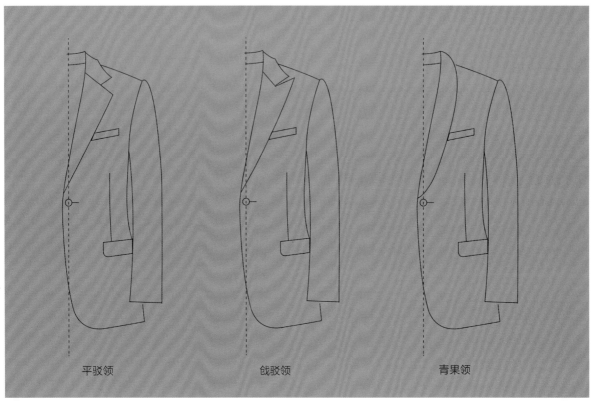

平驳领　　　　　　　　　戗驳领　　　　　　　　　青果领

裤子的局部细节设计包括袋型、腰型和裤褶三个方面。

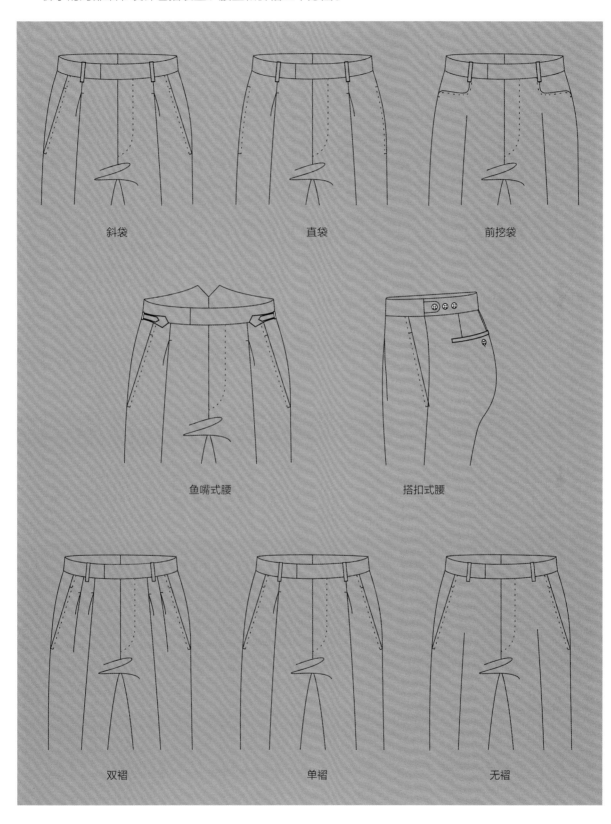

斜袋　　　　　　　　直袋　　　　　　　　前挖袋

鱼嘴式腰　　　　　　　　搭扣式腰

双褶　　　　　　　　单褶　　　　　　　　无褶

人体测量方法

　　服装手工高级定制的人体测量采用专业量体师实体测量的方法。在测量的同时，量体师与顾客一对一沟通，明确顾客的定制需求与生活方式、结合顾客的形体特征和流行趋势，灵活处理测得的相关数据。为了方便测量，减少误差，量体师可以建议顾客穿着与定制服装风格相匹配的内衣。但是这样可能会给顾客增添麻烦，因为很多顾客不一定备有合适的衣物，所以这一建议往往不被顾客采纳。因此，在测量时，量体师会拍照记录顾客的着装以及体型等信息，以便于制板师根据测量数据及照片信息对人体形态和整体比例进行综合分析和样板设计。

一、测量工具

1. 直尺

　　在人体测量环节，直尺多用于测量人体肩点、胯点、外踝点三点的高度。在实际操作中，工具的形式多样，既可以用直尺，也可以将尺寸刻在墙面或者垂直于地面的木条上。

2. 软尺

在人体测量环节，一般选用带有搭襻的软尺。在测量人体围度时，先确定测量位置、再扣好搭襻，松紧度以软尺不掉下来为宜。

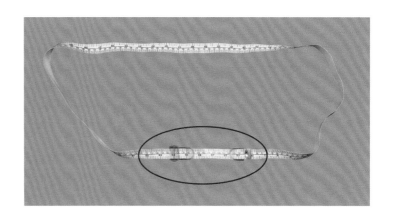

3. T型尺

此造型尺在人体测量时有两种用处：一是测量手臂内侧长时，可按人体手臂曲度调节造型尺的曲度；二是测量衣身内侧长时，可使用造型头顶在腋下，刻度尺贴住身体内侧进行测量。

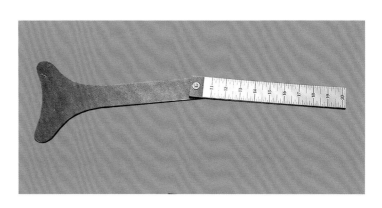

4. 组合尺

T型尺与软尺组合，可用于测量裤内侧长。将软尺固定在T型尺的木架造型头上，测量时手握木柄，用木架的顶端顶住裆底，软尺沿腿的内侧自然下垂，从而测得裤子内侧长。该组合尺也可用于测量后衣长。

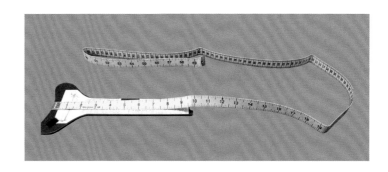

5. 折叠式直角尺

此造型尺常用于测量裤子前、后直裆尺寸，是可折叠的木尺。使用时插好中间的插销，将一边伸进裆底，用带有刻度的一边测量前、后裆尺寸。

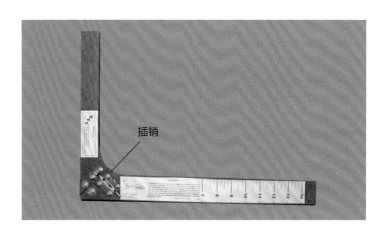

插销

6. 角度尺

角度尺形似长方形，一角为圆弧状，用于测量人体肩斜。测量时，圆角贴住人体颈侧点，长边贴住肩线，通过水银表刻度读取肩部的倾斜度。

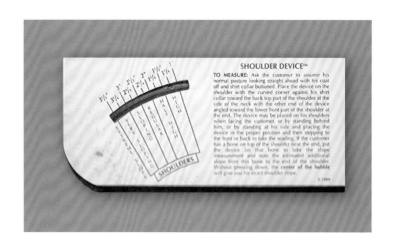

7. 十字组合尺

十字组合尺由铁架和水银表刻度尺组成。使用时，将水银表刻度尺插进铁架槽中后，铁架的弯头顶住人体颈椎点，铁架另一头的铁皮面贴住人体背部，通过水银表刻度读取背部的倾斜度。

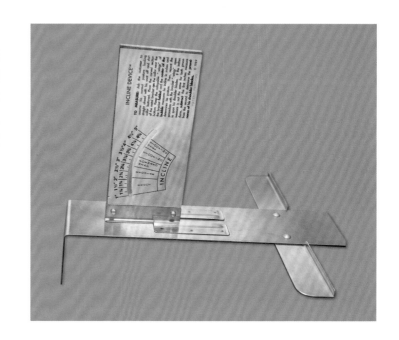

8. 斜度尺

斜度尺主要用于测量袖口、裤脚口斜度。测量时，通过水银表刻度读取袖口、裤脚口的倾斜度。

二、测量方法

　　手工高级定制服装的人体测量通常是在顾客自然放松的静止状态下进行的，可以分为站姿和坐姿。测量内容包括三个部分：（1）基础部位的整体尺寸测量；（2）体现个体特征的局部尺寸测量；（3）人体三点一线和三圈特征的分析和描述。顾客性别不同，服装款式不同，测量部位也有所不同。

1. 测量基准点

　　由于人体形态复杂，为了得到准确的测量数据，需要找到正确的人体测量基准点。一般多选择相对固定、便于操作、不会发生较大变化的部位作为测量基准点，比如骨骼端点、凸出点，躯干与肢体交接部位等。

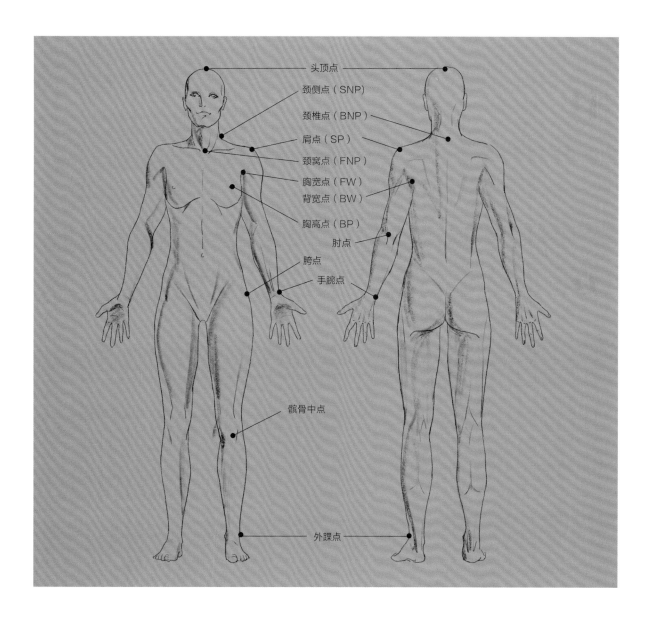

头顶点。直立时头部最高点，位于人体中心线最上方，是测量身高的基准点。

颈窝点（FNP）。也称前颈点，左右锁骨在前中线的汇合点。

颈侧点（SNP）。也称侧颈点，颈根正侧中点稍后处。是颈到肩部的转折点，故也被看作肩线的基准点。

颈椎点（BNP）。位于颈后第七颈椎骨凸出点，是测量背长和后衣长的起点。

胸宽点（FW）。也称前腋点，手臂自然下垂时，臂根与胸部形成纵向褶皱的起始点，是测量胸宽的基准点。

背宽点（BW）。也称后腋点，手臂自然下垂时，臂根与背部形成纵向褶皱的起始点，是测量背宽的基准点，并与前腋点、肩点构成袖窿围度的基本参数。

肩点（SP）。位于肩与手臂的转折点，是测量肩宽和袖长的基准点。

胸点（BP）。胸部最高点，又叫胸高点，是女装构成中较为重要的基准点之一。

肘点。肘关节处，手臂弯曲时，该点明显凸出，是测量臂长的基准点。

手腕点。手腕部的凸点处，分前、后手腕点，分别是测量服装袖口大小、臂长的基准点。

胯点。胯关节处，股骨大转子最高的一点。

髌骨中点。膝盖骨中央，是中裆线的参考基准点。

外踝点。脚踝外侧踝关节凸出点，是测量裤长的基准点。

提示：肩点、胯点和外踝点是本书提出的三点一线标准人体测量的基准点，即从人体侧面观察人体肩点、胯点、外踝点是否在一条直线上。

2. 测量要求

站姿测量时，被测者需要处于放松状态，保持直立，双眼平视前方，手臂自然下垂，手掌伸直，双脚自然并拢。

坐姿测量时，被测者需要挺胸坐在高度合适的座椅上，双眼平视前方，大腿与地面平行，膝盖弯曲使大腿与小腿趋于直角，双手放于大腿上，双脚平放于地面。

提示：在实际操作中，最重要的一点是让顾客满意，不能对顾客的着装提出过多要求。因此，量体数据表格中除了备注顾客的定制要求和某些特殊部位的尺寸外，还需要描述顾客量体时所穿的服装，以便后期制板时参考。

人体测量操作案例

　　本节以男女人体的测量案例来详细地讲解实际操作中人体的测量方法及测量顺序。以下案例测量尺寸分为整体基础尺寸、局部特征尺寸、设计尺寸三大部分。基础尺寸是指制板中基本的、固定的、常用部位的尺寸，局部特征尺寸是指根据顾客的体型需要额外测量的尺寸，设计尺寸是指部分定制款式专用的尺寸。

一、男性人体测量流程与方法

1. 上衣基础尺寸

测量案例：大肚、圆背体型

　　胸围。测量时，将软尺宽度上沿贴近臂根处，手臂自然放松，过胸部最丰满处水平围量一圈。所测得的胸围尺寸通常在制板时需加放量。

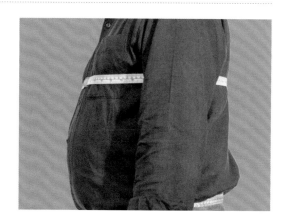

　　腰围。此案例需要通过胸部造型来弱化大肚的视觉效果，故需将腰节线设置得略高一些。测量时，将软尺过腹部上端，水平围量一圈。所测得的腰围尺寸通常在制板时需加放量。

臀围。对于下装而言，臀围是裤子制板的基础尺寸。对于上装而言，臀围尺寸关系到上装下摆的松量与造型。测量时，将软尺过臀部最丰满处水平围量一圈。通常在制板时，需要在所测得的臀围尺寸上增加放量。

后衣长。测量时，用组合尺由颈椎点顺着后中线向下量至需要的衣长位置。所测得的后衣长尺寸在制板时通常不需加放量。

肩宽。从左肩点经过颈椎点量至右肩点。所测得的肩宽尺寸在制板时通常不需加放量。

袖长。一种测量方法是从肩点起量，沿手臂外侧测量至与虎口平齐的手背部位；另一种测量方法是从肩点起量，沿手臂内侧测量至虎口部位。两种方法测得的袖长尺寸在制板时均需根据具体款式增减长度。

提示：第二种测量方法在英国高级定制服装行业中比较常见。

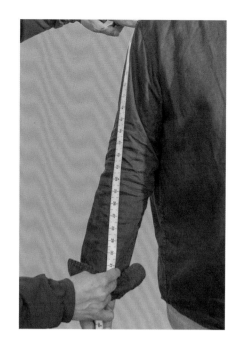

2. 上衣局部特征尺寸

测量案例：大肚、圆背体型

腹高。也叫肚高，测量时，用软尺在顾客腹部最高处围系一根辅助标记线，再由颈侧点向下量至前中线与标记线交叠处。所测得的腹高尺寸通常作为制板时参考的设计尺寸。

后背长。后背长的尺寸反映了人体的背部形态。测量时，用软尺从顾客的颈椎点垂直测量到后背的胸围线位置。所测得的后背长通常作为制板时参考的设计尺寸。

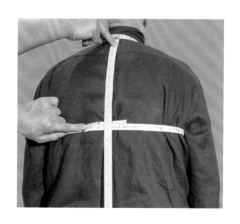

背弧量。利用软尺绕圈法，可以测得背弧量。将软尺从后颈自然往前挂，然后从前腋进后腋出，再将尺子两头接住。所测得的尺寸通常作为圆背体后衣片制板时参考的设计尺寸。

袖型设计局部特征尺寸。软尺从后中线起，经过后袖窿，再经过弯曲的肘关节，最后量到手腕。所测得的尺寸通常作为制板时参考的设计尺寸，为后期袖弧型结构设计提供参考。

提示：在测量过程中，可以在软尺上读取三个设计尺寸，分别是后中线到袖窿线的尺寸、到肘点的尺寸以及到手腕围的尺寸。

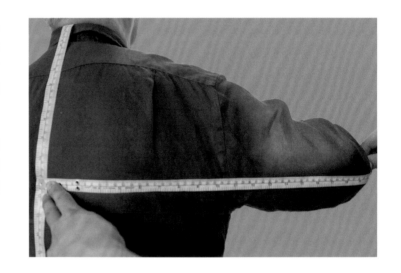

通过测量和观察三点是否在同一条直线上，判断体型特征。测量时，利用垂直于地面的木条或直尺，从侧面观察顾客肩点、胯点、外踝点三点是否在同一条直线上。如图所示，可以观察到通过外踝点并垂直于地面的直尺没有和该顾客的胯点和肩点呈一条直线，胯点偏前，整个肩膀在直尺的前面，故该顾客属于前倾体型。

提示：此测量方法以人体的外踝点位置为准，直尺垂直于地面，观察肩点和胯点分别在直尺的哪个位置，然后判断体型特征。

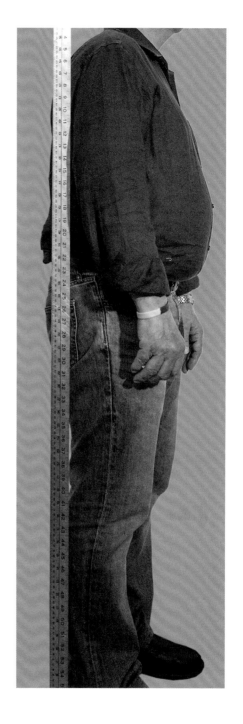

3. 上衣设计尺寸

测量案例：标准体型

部分定制服装还需测量设计尺寸。测量时，需根据顾客穿衣习惯和定制服装的款式适当增减局部测量尺寸。根据款式不同，上衣设计尺寸主要包括第一粒纽扣的位置、臂围、袖口围、1/2 肩宽、腰节高、内里马甲尺寸与西装尺寸的比例等，所测得的尺寸通常作为制板时参考的设计尺寸。

中山装、青年装或者衬衫等
款式需要增加领围、领座等尺寸
的测量。当使用有硬头的尺测量
颈围尺寸时，需避开硬头段部位，
所测得的数据也需减去硬头段上
的数值。

提示：测量颈围时，软尺的下口边落
在颈根上，松紧度以软尺能在颈圈上
略微转动为准。

4. 裤子尺寸

测量案例：标准体型

腰围。测量前要先了解顾客
的穿着习惯，比如穿裤子时裤腰
前后高低位置和系皮带时的松紧
程度等，然后使用松紧带作为测
量辅助工具，按照顾客的穿着习
惯塑造腰围形态，用软尺绕腰围
一圈量取。所测得的裤腰尺寸在
制板时通常不需要调整。

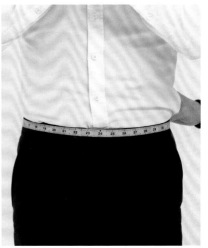

臀围。测量时，需从正、侧、
背三面观察，取后臀最高点，测
量时软尺需绕臀一圈，保持水平
且不往下落。所测得的臀围尺寸
通常在制板时需加放量。

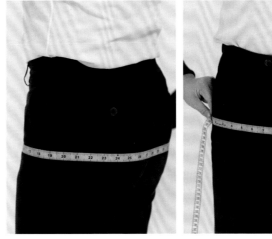

腿围。测量时，在臀根下（大腿最粗的部位）用软尺水平围量一圈，松紧度以软尺不往下掉为准。所测得的腿围尺寸通常在制板时需加放量。

膝围。测量时，在膝盖部位用软尺水平围量一圈，松紧度以软尺不往下掉为准，所测得的膝围尺寸通常作为制板时参考的设计尺寸。

脚口围。测量时，在脚口部位用软尺沿顾客穿着的裤子脚口水平围量一圈，再根据设计要求调整数值。

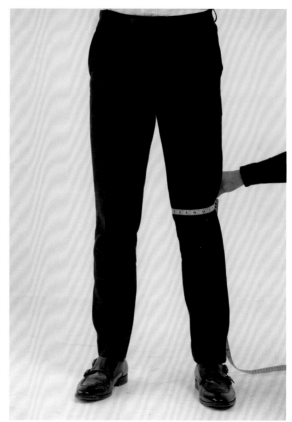

外侧裤长。测量时，从腰头沿裤子的外侧线垂直向下，测到所需要的裤长位置。

内侧裤长。测量时，使用带硬头的软尺，硬头段贴住内裆底，手握在硬头和软尺的连接处，使软尺沿裤子内侧线下垂至地面，在软尺上读取所需要的内侧裤长尺寸，所测得的内侧裤长通常作为制板时的参考尺寸。

提示：右图中带硬头的软尺也是组合尺的一种类型。

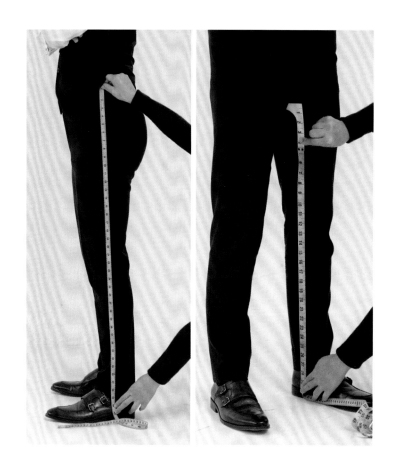

直裆。测量时，在臀根处的大腿位置系一根松紧带，从腰头沿裤子的外侧线垂直测到松紧带位置。

窿门。测量时，用软尺从后腰头穿过裆底量到前腰头，形成一个U字形，所测得的尺寸通常作为制板时参考的设计尺寸。

提示：如有顾客不愿意接受此测量方法，则需按顾客穿裤习惯补充说明对前后腰头高低位置的要求，并测量内侧裤长尺寸。另一种方法，不测窿门尺寸，直接按顾客穿裤习惯说明前后腰头的高低位置。

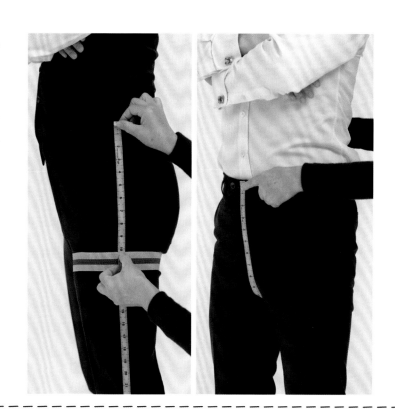

二、女性人体测量流程与方法

在为女性顾客量体时，依据测量顺序以及为了便于操作，有些部位需同时测量基础尺寸、局部特征尺寸和设计尺寸，因此与上述男性人体测量不同，女性人体测量不是将三种尺寸单列表述，而是在流程中加以备注说明。部分测量部位的尺寸既与上衣有关也与下装有关，如腰围和臀围等，虽然这些部位测量方法相同，但在数据运用中会有所不同。

提示：女装定制对塑造人体曲线美和比例协调美的要求比男装更高，不同的胸型、腰型和臀型会呈现出不同的衣着风格，故身体横向测量部位有胸围、胸宽、乳间距、腰围、上中臀围、臀围等。纵向测量如短款上衣的长度可测到上中臀围，常规款测到臀围部位；裤子或者裙子腰围测量也可以分低腰款腰围测量处在上中臀围、常规款腰围测量处在腰围、高腰款腰围测量处在乳下围等。

1. 上衣尺寸

测量案例：标准体型

胸围（基础尺寸）。胸围是服装制板的关键尺寸。测量时，将软尺过胸部最丰满处水平围量一周，松紧度以软尺不掉下来为准。

提示：需要同时测量胸围基础尺寸和设计尺寸。

胸下围（设计尺寸）。也叫乳下围，测量时可以先用软尺围住女士腰围，再将软尺水平上移至软尺上沿顶住胸下围水平围量一周，松紧度以软尺不掉下来为准。

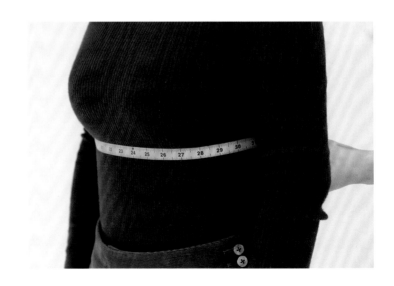

胸宽（设计尺寸）。测量部位为胸部上端，即上胸围线。找胸上端位置的方法，可以从领圈底部将软尺平移向下，直至软尺下沿开始倾斜为止。测量时，左右手点交叉于前袖窿线，平贴前胸，以软尺不往下掉为准。

乳间距（设计尺寸）。又叫乳距，是左右胸高点之间的距离。乳间距是女装胸部省道的结构变化，以及胸部造型的基准。

胸高（设计尺寸）。测量时，软尺由颈侧点向下，量至胸高点处。

提示：需要提醒顾客，后期试样时应穿着与量体时所穿的同款文胸。

腰围（基础尺寸、设计尺寸）。女士腰围既是基础尺寸，也是设计尺寸。测量时，用软尺绕腰部水平围量一周。

提示：腰围尺寸不是人体腰部最细处的尺寸，而是在最细处及其上、下各三个软尺宽度处测得的三个尺寸的平均数值，此数值同时也是高腰裤的腰围尺寸。

臀围（基础尺寸）。测量时，软尺过臀部最丰满处水平围量一周，以软尺不松不紧能转动，且不往下掉为准。

提示：需注意观察软尺是否平行于地面，以及是否贴在臀部的最高点位上。

上中臀围（基础尺寸、设计尺寸）。这是短款上衣下摆围的设计尺寸，也是低腰裤子腰围的基础尺寸。测量时，软尺定位于臀部坡面（臀围线以上部分）的 1/2 处，即软尺在腰围线至臀围线的中间部位水平围量一圈，松紧度以软尺不往下掉为准。

肩宽（基础尺寸）。测量时，软尺从左肩点经过颈椎点量至右肩点。

提示：需注意分清平肩、溜肩和冲肩。因肩线形态不同，肩点所处的位置有所不同。

背宽（基础尺寸）。测量时，分别将左右两边后袖窿线的中点设置为起点和终点，两手握软尺水平测量。

袖窿圈（设计尺寸）。测量时，用软尺从肩点穿过腋下围量一周。

臂围（设计尺寸）。测量时，用软尺在上臂最粗处沿水平方向围量一周，松紧度以软尺不往下掉为准。

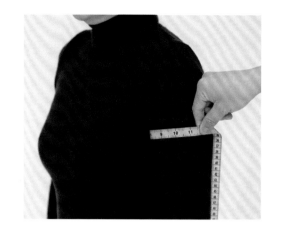

腕围（设计尺寸）。腕围是西装和衬衣等袖口制板时的参考尺寸，通常需要增加适当的松量。测量时，用软尺过前手腕点围量一周。

提示：如果顾客习惯于左手或者右手戴手表，那么戴手表的那只手，在测量腕围尺寸时需加入手表的厚度。

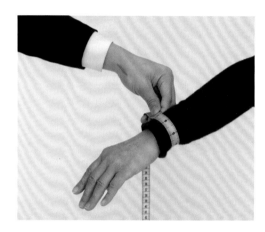

后背长（基础尺寸）。后背长常用于确定上衣腰节线位置的高低。测量时，先使用松紧带作为测量辅助工具暂时标记腰节线位置，再将软尺贴紧后背，从颈椎点测起，随人体自然曲度量至标记线位置，所测得的尺寸即为后背长。

前衣长（基础尺寸）。测量时，先使用松紧带作为测量辅助工具暂时标记下摆位置，再用软尺从颈侧点过胸高点量至需要的下摆位置，所测得的尺寸即为前衣长。

短款衣长

长款衣长

不贴体外套与贴体外套的前衣长。测量不贴体外套衣长时，软尺由颈侧点过胸高点，再拉直软尺，量至需要的下摆位置。测量贴体外套衣长时，将软尺由颈侧点过胸高点，再贴近前胸，随人体自然曲度，量至需要的下摆位置。

不贴体外套衣长

贴体外套衣长

袖长（基础尺寸）。测量时，保持手臂自然下垂，用软尺由肩点向下量至肘点，再由肘点过腕关节，量至需要的袖长位置。

2. 裤子尺寸

测量案例：标准体型

腰围（基础尺寸）。根据裤型不同，腰围有两种测量方式。长直裆的腰围在人体胯骨上方腰最细的部位，裤腰是直线形的；短直裆的腰围刚好在人体的胯骨上，裤腰是弧线形的，测量时要分上口和下口。

长直裆　　　　　　　短直裆

臀围（基础尺寸）。测量时，软尺需在顾客合体的裤子外，过臀部最丰满处围量一周。

腿围（设计尺寸）。测量时，在大腿最粗的部位，用软尺沿水平方向围量一圈，松紧度以软尺不往下掉为准。

提示：测量时，需根据顾客穿着裤子的松紧度和面料厚度，对软尺松紧量作适当调节后，得出合理的测量尺寸。

外侧裤长（基础尺寸）。根据裤子款式与顾客的喜好确定腰头的位置，用软尺贴裤子的外侧线下垂至地面，在软尺上读取相应的裤长尺寸。

提示：在测量外侧裤长时，量体师需微微下蹲，读取裤长尺寸。

内侧裤长（基础尺寸）。使用带硬头的软尺，硬头段贴住内裆底，手握在硬头和软尺的连接处，使软尺沿裤子内侧线下垂至地面，读取所需要的内侧裤长尺寸。

直裆（基础尺寸）。测量时，在臀根处的大腿位置系一根松紧带，用软尺从腰头沿裤子的外侧线垂直测到松紧带位置。

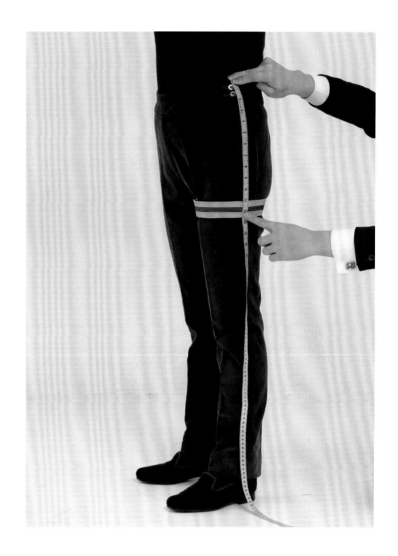

窿门（设计尺寸）。测量时，用软尺从后腰头穿过裆底量到前腰头，形成一个 U 字形。

提示：如有顾客不愿意接受此测量方法，则需按顾客的穿裤习惯补充说明对前后腰头高低位置的要求，并测量内侧裤长尺寸。

第二章

符合人体形态的
制板技术要点

　　本章以西装为例，讲述手工高级定制服装制板的技术要点。手工高级
定制西装必须完全符合顾客的人体形态，并能够起到修饰顾客体型的作用。
制板时，需综合考虑顾客体型的整体特征和局部特征，以顾客体型为本进
行制板。

　　本书面向有一定制板基础的读者，故省略标准体型样板的制板过程，
重点介绍如何针对不同体型及人体局部特征，在标准体型样板上进行板型
处理的高级制板技术。同时，鉴于篇幅所限，本章重点讲解板型调整的原
理和方法，不对板型调整的具体过程作细节阐述。

　　虽然本书没有阐述基础样板的制作过程，但还是要强调两点：一是在
制板前，需根据顾客的胖瘦程度、上下肢比例、外形轮廓、身高、站姿重
心等考虑衣片量的分配与视觉平衡度；二是对已经分出的各个衣片按不同
体型处理平衡线的变化，核对各衣片的基础尺寸和设计尺寸，并观察衣片
轮廓线形态与人体形态是否匹配。

提示：在现今数字化时代背景下，在高级定制业务中建立顾客样板数据库，以及各类不同体
型基础样板数据库，并在数字化样板中融入本品牌的风格特征等个性化信息，是服装高级定
制行业的发展趋势。

制板工具

　　手工高级定制服装制板工具主要包括用于绘制 1:1 纸样的制图工具以及用于裁剪服装面辅料衣片的裁剪工具，如纸张、铅笔、各种功能尺、剪刀、锥子、对位钳、打孔器、点线轮、划粉、消色笔等。现代服装制造技术日趋发展，部分企业在实际操作中通常采用服装 CAD 软件来绘制纸样。本节所列的制板工具是指服装手工高级定制行业使用的部分常规工具。

工具名称	备注	图示
卡纸 **牛皮纸**	常采用300~400g/m^{2}的卡纸、牛皮纸。为了便于区分，面料样板、辅料样板、里料样板、工艺样板、定位样板等会采用不同颜色的纸张	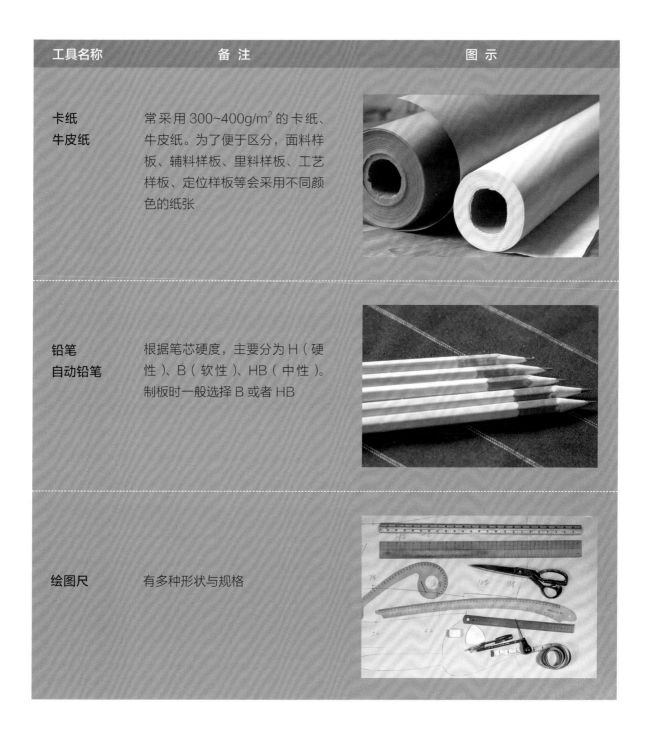
铅笔 **自动铅笔**	根据笔芯硬度，主要分为H（硬性）、B（软性）、HB（中性）。制板时一般选择B或者HB	
绘图尺	有多种形状与规格	

工具名称	备 注	图 示
剪刀	纸样剪刀 衣料剪刀 修整剪刀	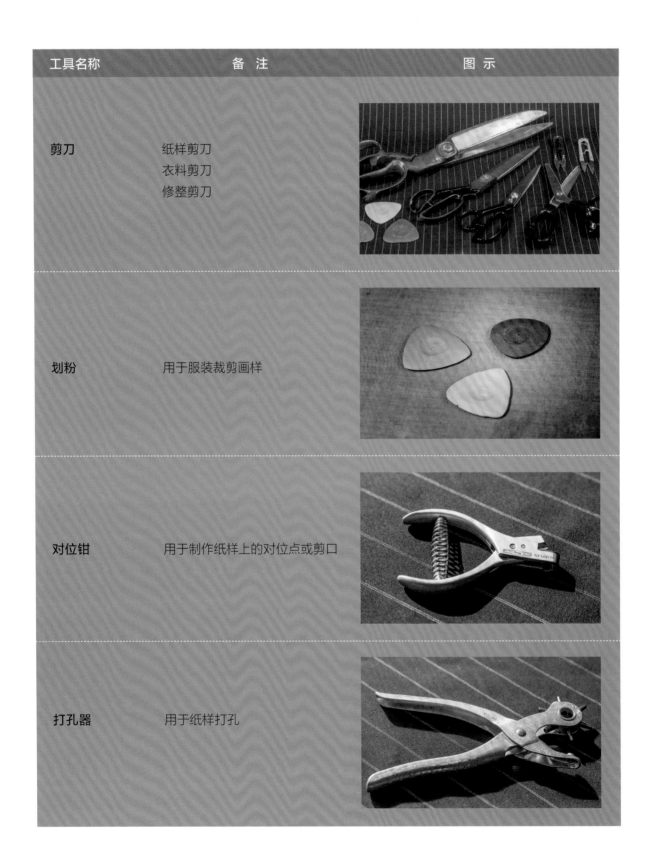
划粉	用于服装裁剪画样	
对位钳	用于制作纸样上的对位点或剪口	
打孔器	用于纸样打孔	

工具名称	备 注	图 示
点线、点位工具	用于拷贝纸样或拓印零部件等	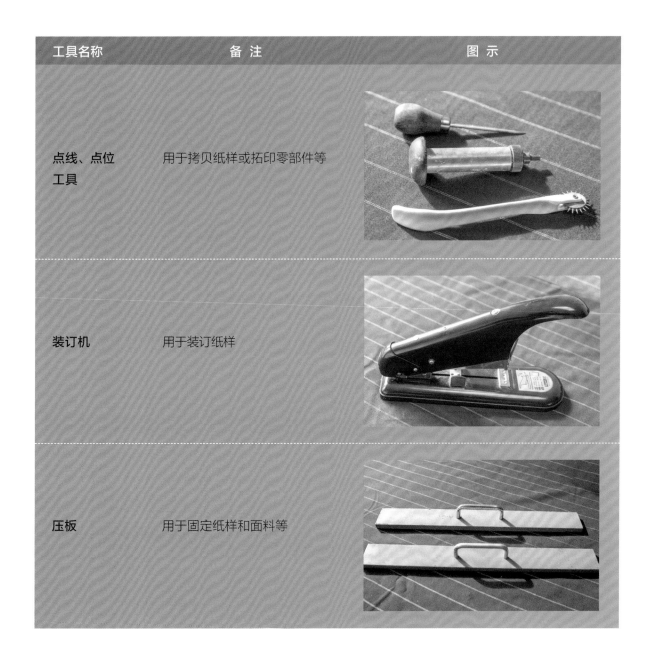
装订机	用于装订纸样	
压板	用于固定纸样和面料等	

不同体型的制板技术

　　手工高级定制服装制板前需要对顾客体型信息进行综合分析。通常可以将体型分为：标准体型、扁体、厚体、前倾体、后仰体这几大类，以纵向的三点（肩点、胯点、外踝点）和横向的三圈（颈圈、臂圈、腰圈）为基础技术参数。

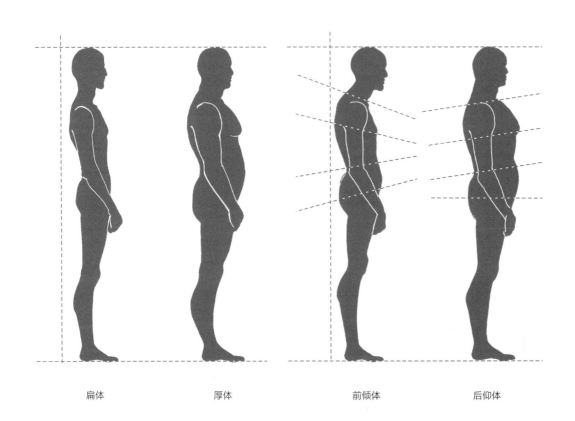

扁体　　　　　　　　　厚体　　　　　　　　　前倾体　　　　　　　　　后仰体

一、标准体型制板技术

　　判断标准体型的技术要点：（1）从侧面观察，人体的肩点、胯点、外踝点这三个点在同一条直线上，且连接三点的直线与地面垂直（即为人体三点一线）；（2）过人体腰部作一条与地面平行的水平线，将人体的躯干分成四个部分（即上身分为前胸、后背，下身分为前肚、后臀），四个部分的体量基本一致。

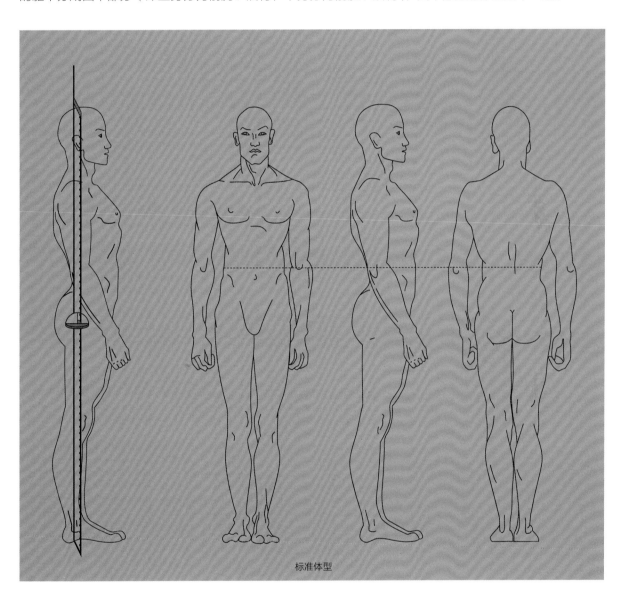

标准体型

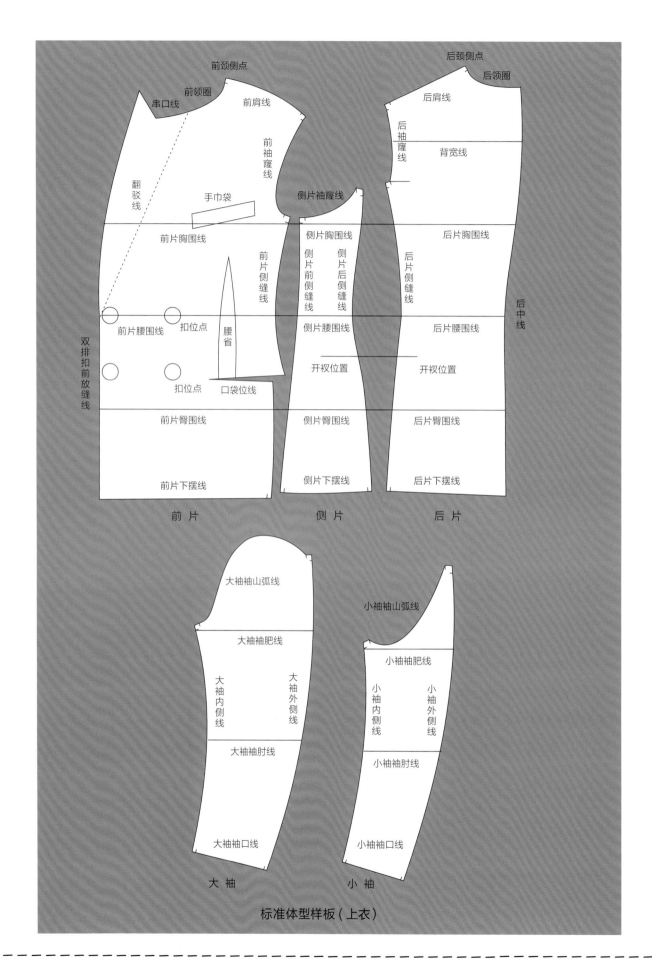

标准体型样板（上衣）

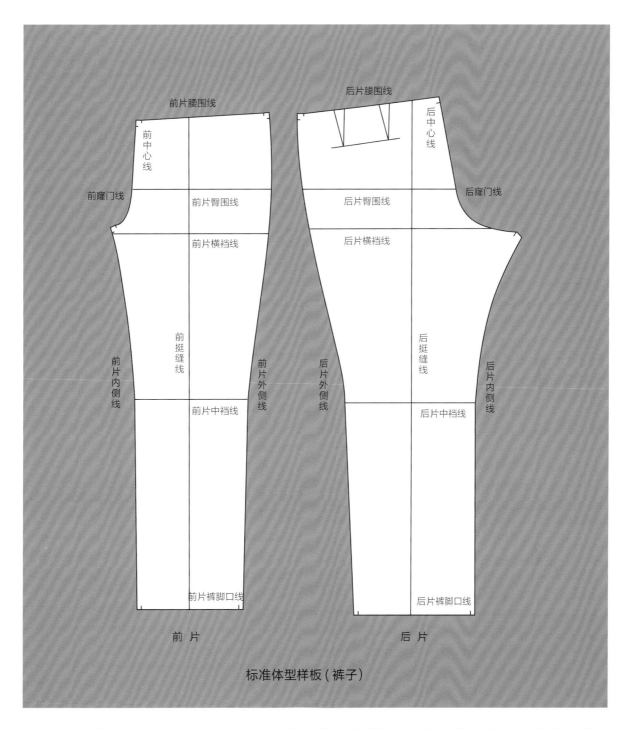

前片腰围线　　　　　　　　　后片腰围线

前中心线　　　　　　　　　　后中心线

前窿门线　　　前片臀围线　　后片臀围线　　后窿门线

前片横裆线　　　后片横裆线

前片内侧线　　前挺缝线　　前片外侧线　　后片外侧线　　后挺缝线　　后片内侧线

前片中裆线　　　后片中裆线

前片裤脚口线　　　后片裤脚口线

前　片　　　　　　　　　后　片

标准体型样板（裤子）

提示：本书面向有一定制板基础的读者，故省略标准体型样板的制板过程，重点介绍如何针对不同体型及人体局部特征，在标准体型样板上进行板型处理的高级制板技术。同时，鉴于篇幅所限，本书重点讲解板型调整的原理和方法，不对板型调整的具体过程作细节阐述。

二、扁体与厚体制板技术

扁体和厚体的样板在总围度不变的前提下，各衣片尺寸分配不一样，具体制板技术处理方法是：根据人体的三圈形态截面，提取出横向形态结构线，再对照扁体与厚体顾客衣身前片、侧片、后片在围度上的不同分配比例关系，提取出纵向形态结构线，作为板型结构基础线，最后根据顾客体型基础尺寸和局部特征尺寸，制成符合顾客体型的样板。

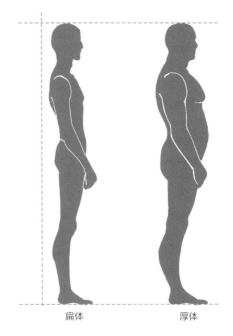

扁体　　　　　　　厚体

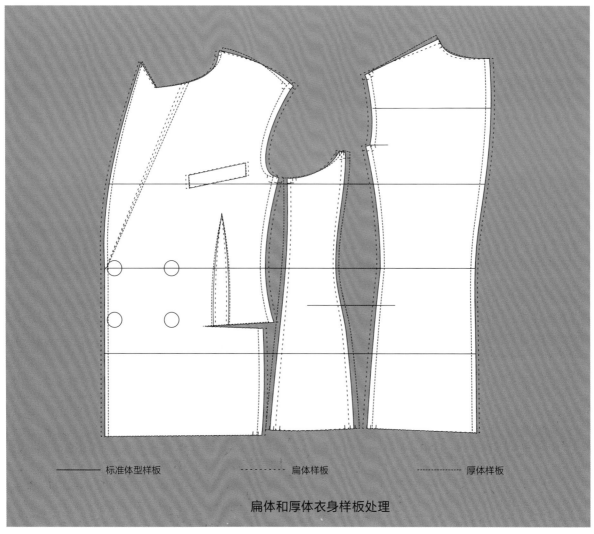

———— 标准体型样板　　-·-·-·- 扁体样板　　------- 厚体样板

扁体和厚体衣身样板处理

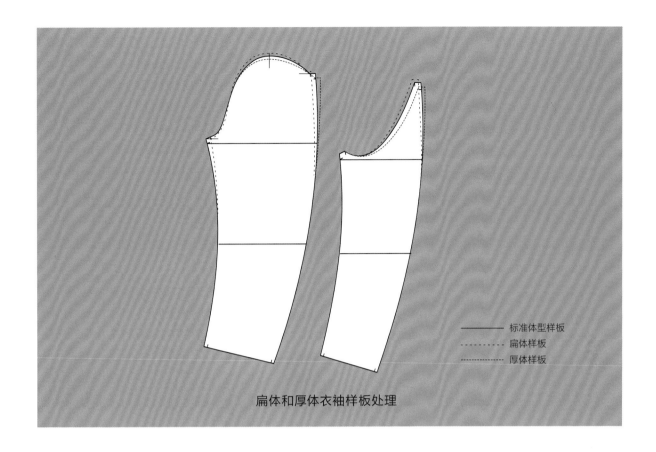

扁体和厚体衣袖样板处理

标准体型样板
扁体样板
厚体样板

三、前倾体与后仰体制板技术

前倾体。与三点一线标准体型相比，前倾体的三点不在一条直线上，身体有前倾趋势，肩点与胯点的连线位于标准体型三点一线的前方。为了达到平衡，人体站立时肩点和手臂往前，前脚掌受力较多，同时横向三圈（颈圈、臂圈、腰圈）的位置和倾向都随之发生变化。如果采用标准体型样板给这类体型的顾客制板时，不对基础样板进行技术处理，制成的服装就会出现后片下摆量不足（起吊现象）、前片下摆量多余，以及袖山点靠前等问题。

后仰体。与三点一线标准体型相比，后仰体的三点不在一条直线上，身体有后仰趋势，肩点与胯点的连线位于标准体型三点一线的后方。为了达到平衡，人体站立时肚子自然前挺，同时横向三圈的位置和倾向都随之发生变化。如果采用标准体型样板给这类体型的顾客制板时，不对基础样板进行技术处理，制成的服装就会出现前片下摆量不足（起吊现象）、后片下摆量多余，以及袖山点靠后等问题。

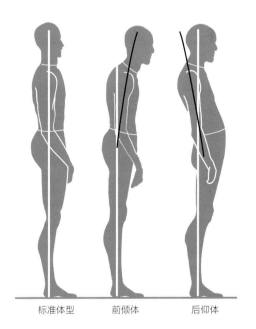

标准体型   前倾体   后仰体

提示：人体三点连线位置发生变化，会导致人体平衡度以及着装时面料丝缕方向出现偏差，即使前倾体或后仰体顾客的身高、围度与三点一线标准体型的顾客完全相同，其服装面料的使用量也会多于标准体型顾客。

1. 前倾体样板处理

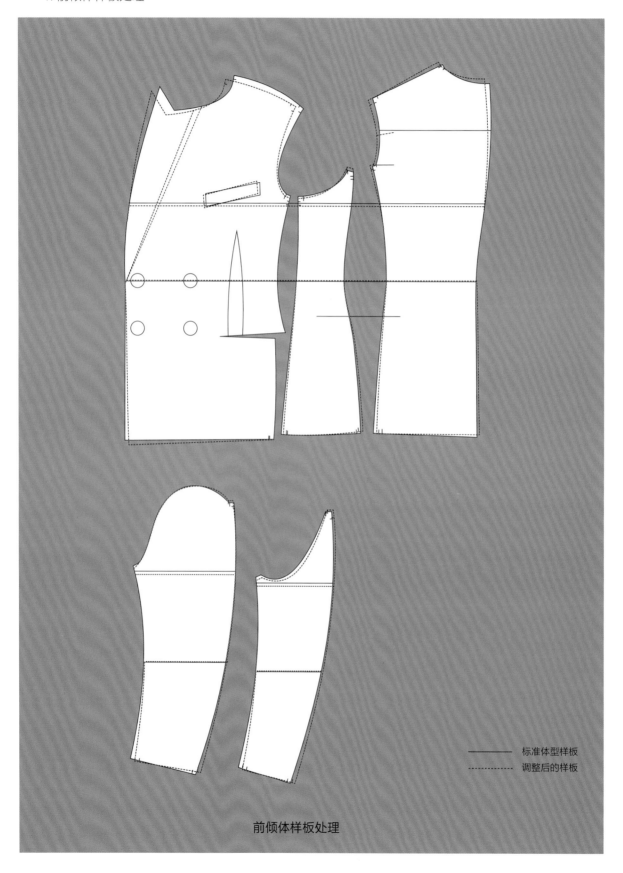

标准体型样板
调整后的样板

前倾体样板处理

2. 后仰体样板处理

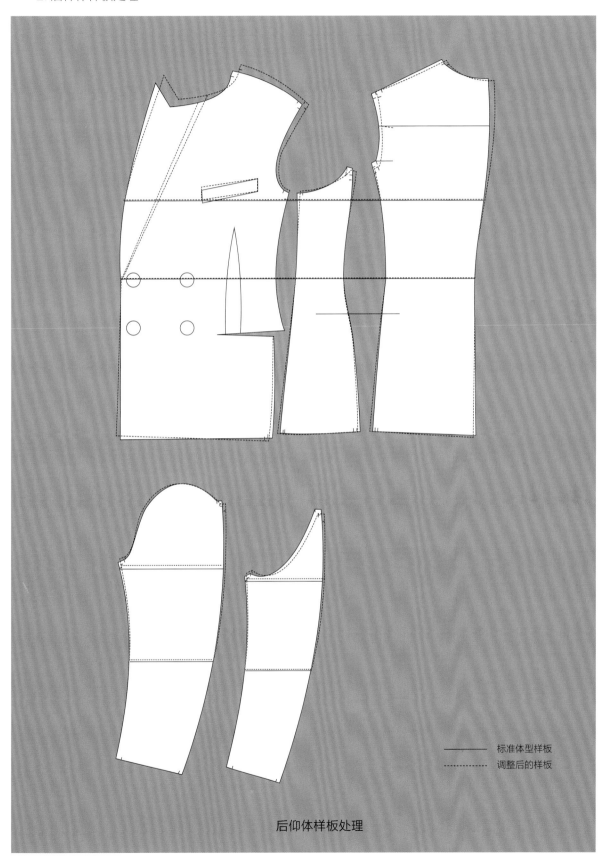

标准体型样板
调整后的样板

后仰体样板处理

符合人体局部特征的
制板技术

　　手工高级定制服装是专门针对每位顾客的体型度身定制的，需要在样板上根据顾客的人体局部特征作技术处理，本节重点分析针对人体局部特征在制板技术处理方面的相关知识。

一、细长颈与短粗颈体型特征与制板技术

1. 细长颈与短粗颈体型特征

　　细长颈体型的颈圈横截面相对小于标准体型，体现在衣片上是小肩变大，颈侧点提高。细长颈虽然与标准体型有所差别，但是也为定制设计提供了发挥空间，在定制设计与板型处理中，适合做英伦翘肩造型。

　　短粗颈体型的颈圈横截面相对大于标准体型，体现在衣片上是小肩变小，颈侧点下降。在制板时需作技术处理，同时需要用布牵带手工造型，使领圈的形态完全符合顾客的颈型。

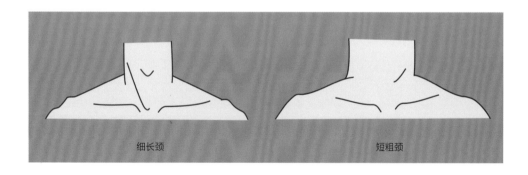

细长颈　　　　　　　　　　　　短粗颈

2. 细长颈与短粗颈体型制板技术

根据顾客的颈圈尺寸，调整标准体型样板上的横开领、直开领，以及肩线和后中缝线。具体操作方法如图所示。

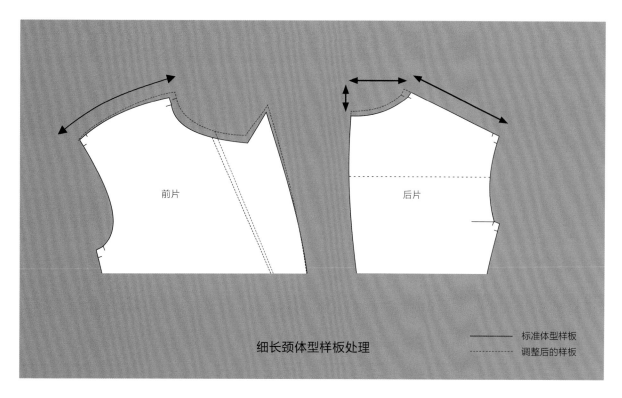

前片	后片

细长颈体型样板处理

—— 标准体型样板
----- 调整后的样板

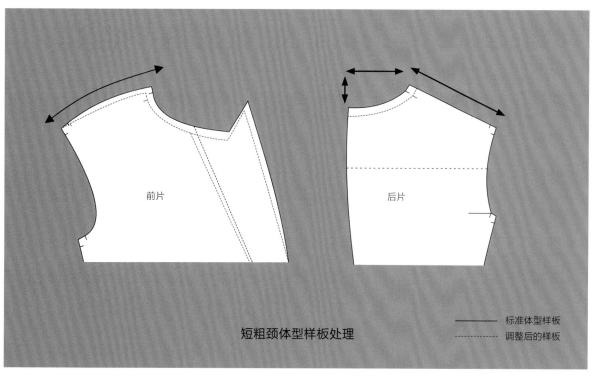

前片	后片

短粗颈体型样板处理

—— 标准体型样板
----- 调整后的样板

二、前冲肩体型特征与制板技术

1.前冲肩体型特征

前冲肩体型特征表现为肩点前冲，故臂圈的形态会发生变化。为使臂圈形态达到平衡，肩点需要略向前移。臂圈的形态变化导致前后侧衣片袖窿圈的尺寸发生变化，在制板时需作技术处理，同时需要用布牵带手工造型，使臂圈的形态完全符合顾客的臂型。

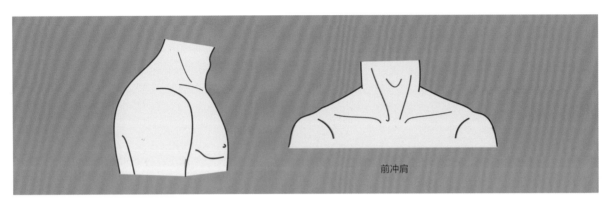

前冲肩

提示：在定制业务中，前冲肩体型应避免选择大格子或宽条纹的面料。

2.前冲肩体型制板技术

根据前冲肩体型特征确定样板调整量，将肩点前移至靠近冲肩顶点，同时要上调后袖窿圈上的后肩点。

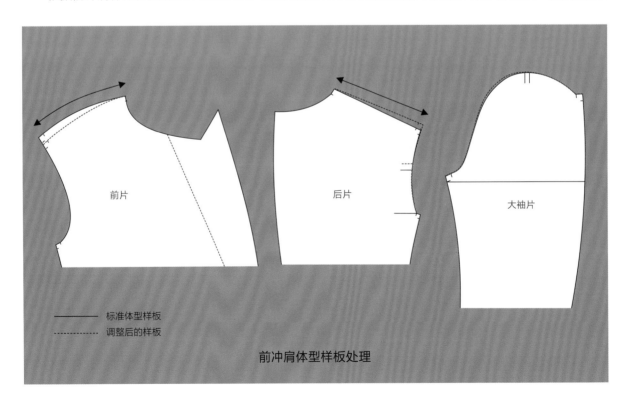

前片　后片　大袖片

——— 标准体型样板
------- 调整后的样板

前冲肩体型样板处理

三、平肩与溜肩体型特征与制板技术

1. 平肩与溜肩体型特征

平肩体型特征表现为颈侧点和肩点的高度差较小，溜肩体型特征表现为颈侧点和肩点的高度差较大。首先要找准顾客的颈侧点和颈椎点，然后结合肩点位置和肩胛骨形态来设计肩线和后领圈线，使前后衣片的肩线和领圈的形态及尺寸发生变化，同时领圈上需要用布牵带手工造型。

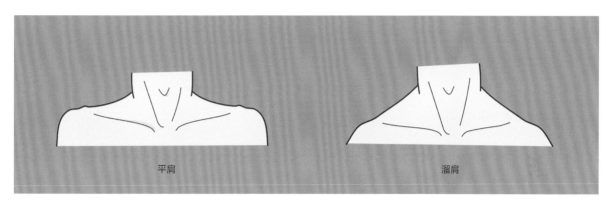

平肩　　　　　　　　　　溜肩

提示：定制英伦风格时，溜肩体型应另加厚肩棉。

2. 平肩体型制板技术

根据平肩体型特征将前后领圈降低到平肩顾客的颈根部位。

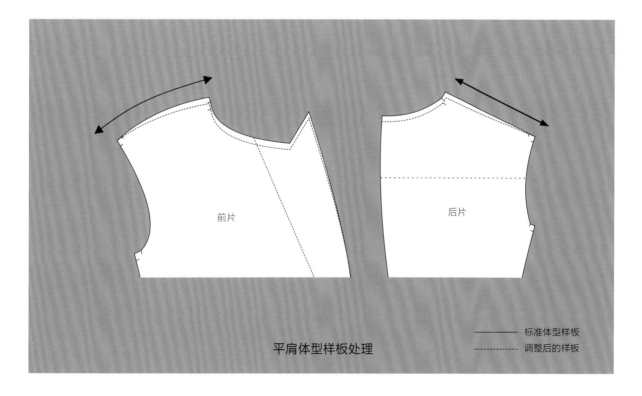

前片　　　　　　　　后片

平肩体型样板处理

—— 标准体型样板
------- 调整后的样板

3. 溜肩体型制板技术

根据溜肩体型特征将整个袖窿圈位置降低。

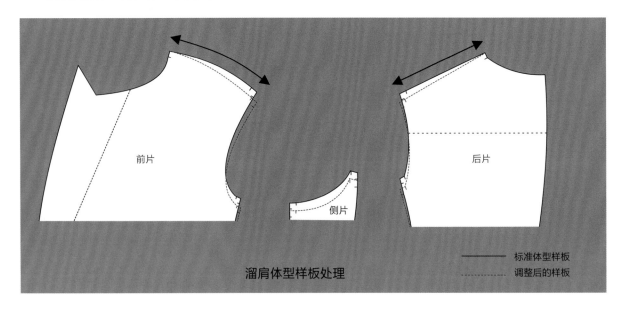

前片

后片

侧片

溜肩体型样板处理

——— 标准体型样板
------ 调整后的样板

四、大肚与大胃体型特征与制板技术

1. 大肚与大胃体型特征

大肚分为大圆肚下挂和尖肚两种形态，大胃形态体现在胸和肚之间。制板时要找准顾客的大肚或大胃的位置，对于大肚体型需把握腹省位置和本区域纵横向量的变化关系，而大胃体型则需把握腰省位置和本区域纵横向量的变化关系。

提示：在定制业务中，大肚和大胃体型应避免选择大格子或宽条纹的面料。

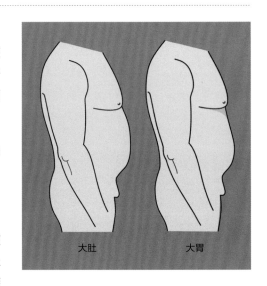

大肚   大胃

2. 大肚体型制板技术

大肚体型样板的技术处理方式是调整横向放量和纵向放量，在大肚位置塑造出大肚形态。加大袋量并修剪掉侧缝处因旋转样板闭合省道而产生的余量，再以大肚中心点为基准点向外归拔熨烫面料塑造大肚形态。同时，在胸衬的大肚部位剪个口子，塑造出与大肚体型相匹配的立面形态。

3. 大胃体型制板技术

大胃体型样板的技术处理方式是调整对应胃部的前片止口线和侧缝线，减小腰省量，并调整纵向放量。由于胃部位于腰线或者腰线以上，可以将纵向放量分配到前片的下摆线和肩线上，再以大胃中心点为基准点归拔熨烫面料，塑造大胃形态。同时，在胸衬的大胃部位剪个口子，塑造出与大胃体型相匹配的立面形态。

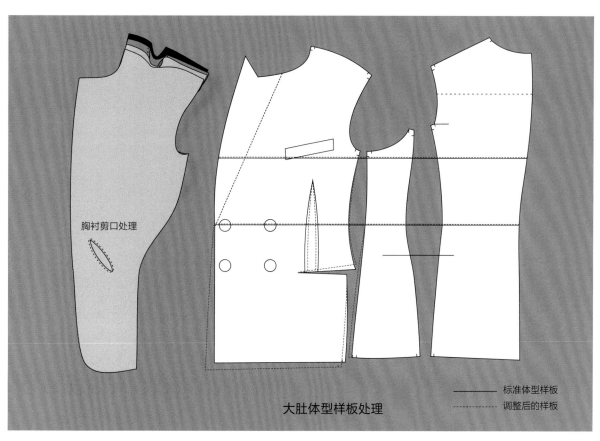

胸衬剪口处理

大肚体型样板处理

标准体型样板
调整后的样板

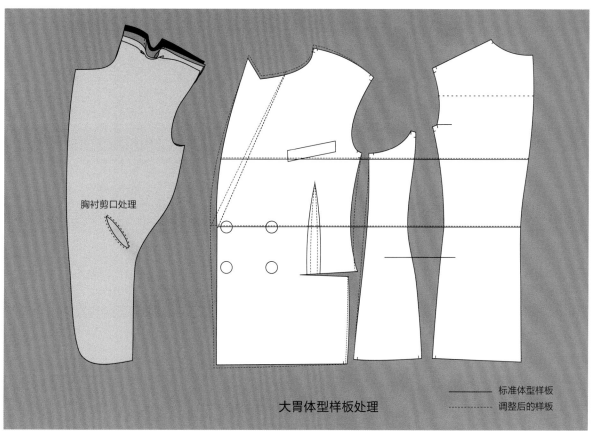

胸衬剪口处理

大胃体型样板处理

标准体型样板
调整后的样板

五、圆背体型特征与制板技术

1. 圆背体型特征

圆背体型与标准体型相比，由于肩点前倾，导致圆背体型产生后背长、前胸短的现象，同时臂圈形态也发生变化。

提示：在定制业务中，圆背体型应避免选择大格子或宽条纹的面料。

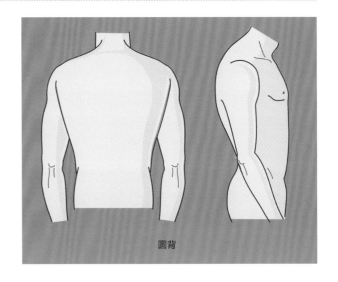

圆背

2. 圆背体型制板技术

增加衣身后片的长度与宽度，减少衣身前片的长度与宽度，同时调整袖窿圈形态，辅以归拔工艺，增加后肩线和后袖窿圈上的吃势量。

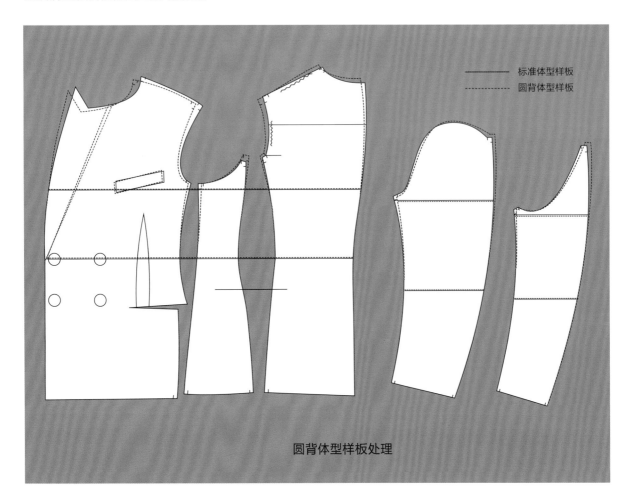

———— 标准体型样板

- - - - - 圆背体型样板

圆背体型样板处理

六、后背肋骨与肩胛骨凸出体型特征与制板技术

1. 后背肋骨与肩胛骨凸出体型特征

后背肋骨凸出体型特征表现为后背肋骨区域凸起，位置在肩胛骨下面，通常位于后背的胸围线处，肌肉形态呈条状。肩胛骨凸出一般是指肩胛骨翼状凸出，可分为单侧与双侧，其中双翼状凸出较为常见，在背脊上形成一道凹槽。

提示：在定制业务中，后背肋骨凸出与肩胛骨凸出体型应避免选择大格子或宽条纹的面料。

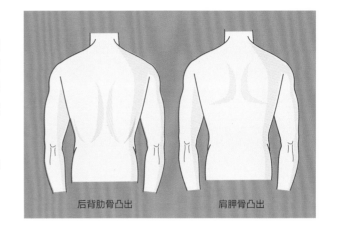

后背肋骨凸出　　　　肩胛骨凸出

2. 后背肋骨与肩胛骨凸出体型的制板技术

后背肋骨凸出体型的主要技术处理方式是在后片和侧片结构线上增加吃势量，同时在后背肋骨部位辅以立面的拔烫。肩胛骨凸出体型需在后肩线和后袖窿线上增加吃势量，同时在肩胛骨部位辅以立面的拔烫。

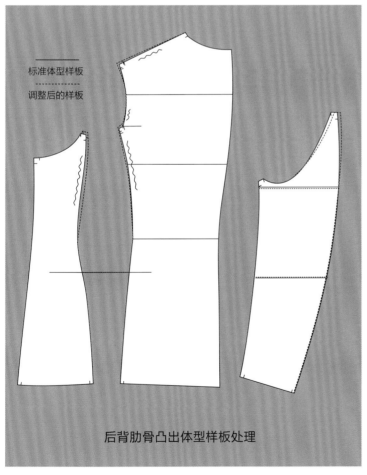

后背肋骨凸出体型样板处理

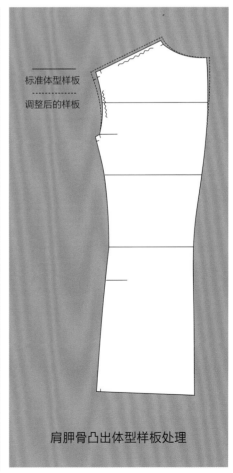

肩胛骨凸出体型样板处理

七、含胸、鸡胸、奶胸体型特征与制板技术

1. 含胸、鸡胸、奶胸体型特征

含胸体型特征表现为头部和手臂重心向前，导致前胸纵横量萎缩和后背量增加。鸡胸又称鸽胸，其体型特征表现为胸的上部分挺拔向上，状如鸡、鸽子的胸脯，前肩打开，臂位略向后，前颈与前胸有明显的分界线。奶胸体型特征表现为胸、背部位的肌肉向两边扩张，前后外轮廓线呈现弧形，臂根和胸腰的分界线很模糊。

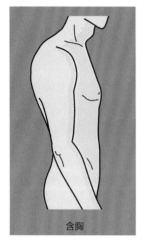
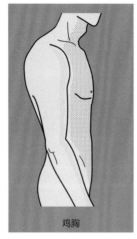
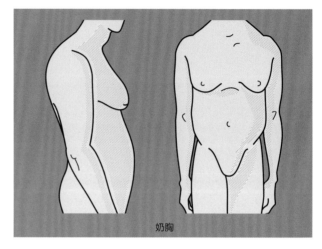

| 含胸 | 鸡胸 | 奶胸 |

提示：在定制业务中，含胸、鸡胸、奶胸体型应避免选择大格子或宽条纹的面料。

2. 含胸体型制板技术

在肩宽不变，肩型、袖窿圈和颈圈形态及位置发生变化的前提下，缩小前胸纵横量，增加后背纵横量和后肩吃势，袖窿圈形态发生变化，前袖窿线缩短、侧袖窿线上提、后袖窿线加长。

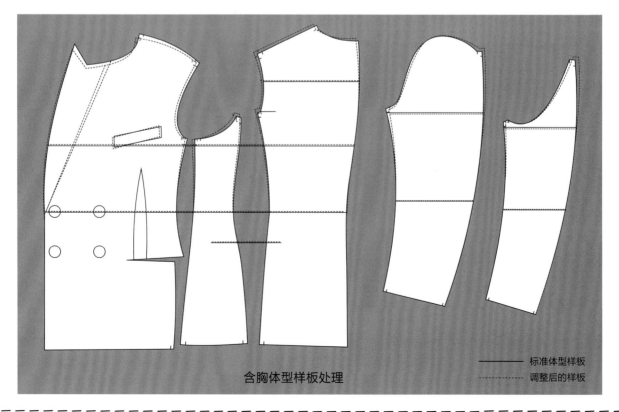

含胸体型样板处理

—— 标准体型样板
------ 调整后的样板

3. 鸡胸体型制板技术

在增加前胸纵横量的前提下，增加翻驳牵带吃势量，提高领串口位或者提高扣位（建议设计二粒扣或者三粒扣的款式）等，袖窿圈底部要有足够宽度。同时，在胸衬上设置短的领省、袖窿省。

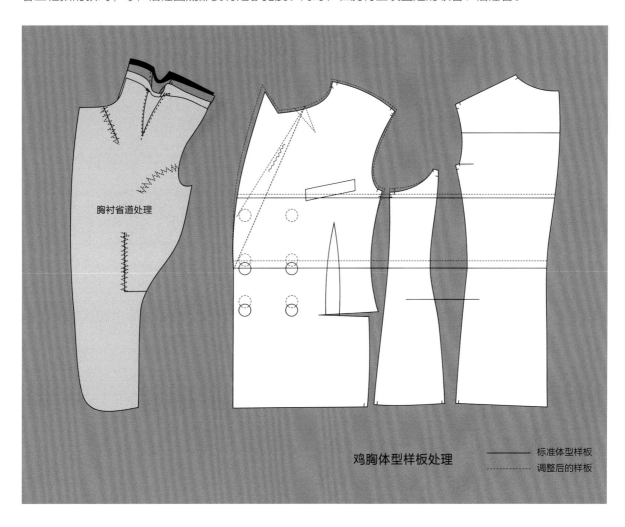

胸衬省道处理

鸡胸体型样板处理

———— 标准体型样板
------- 调整后的样板

4. 奶胸体型制板技术

避免设计外轮廓线条硬朗的款式（如英伦风格），应设计宽松的自然肩型，使用薄肩棉、薄胸棉等辅料，以简洁、干练的整体风格来修饰体型，袖窿深度不宜过浅。

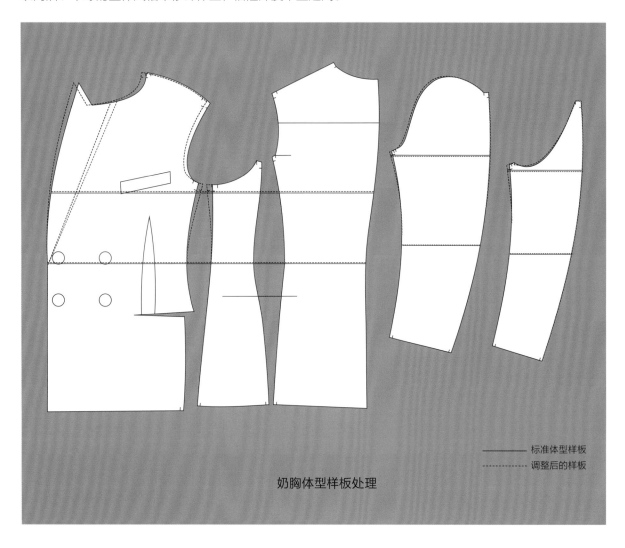

—— 标准体型样板
------ 调整后的样板

奶胸体型样板处理

八、髋骨凸出体型特征与制板技术

1. 髋骨凸出体型特征

髋骨凸出体型特征体现在腰下两边的髋骨向上耸起。

提示：定制裤子时，髋骨凸出体型应避免选择大格子或宽条纹的面料。

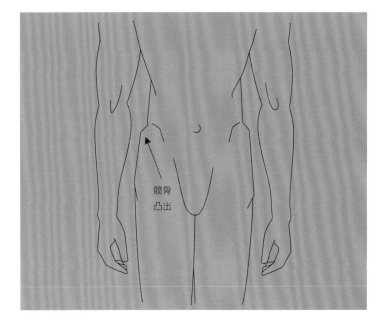

2. 髋骨凸出体型制板技术

需要增加髋骨位置的裤片量，并且合理分配到前后片上。要根据髋骨形态确定侧缝线位置，增加的裤片量包含纵横两个方向，有时需要同时增加前腰头的高度并降低后腰的起翘（必要时考虑减小后窿门尺寸）。此时，腰圈的倾向和臀圈的形态会发生变化。前后片样板外侧线需保留放量，以便于调整裤片尺寸。

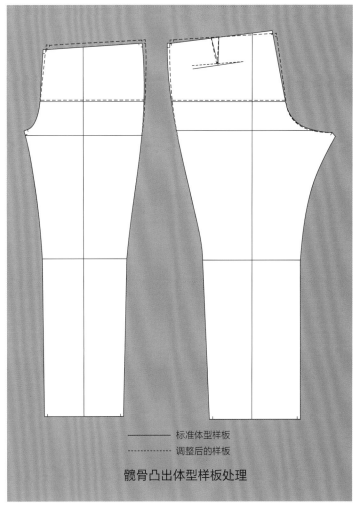

—— 标准体型样板
------ 调整后的样板

髋骨凸出体型样板处理

九、下坠臀、平臀、凸臀体型特征与制板技术

1.下坠臀、平臀、凸臀体型特征

下坠臀体型特征是臀型从侧面看好似弯钩，臀沟部位向内凹，臀的下半部较为圆润且重心偏下。平臀体型特征是整个臀部扁平，几乎没有圆润感。凸臀体型特征是臀的上半部特别圆润且重心偏上。

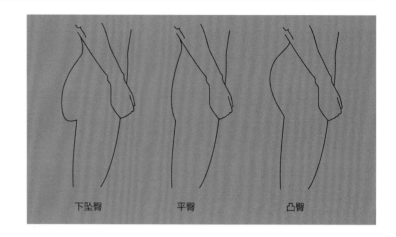

下坠臀　　平臀　　凸臀

2.下坠臀、平臀、凸臀体型制板技术

下坠臀体型样板的后片横裆部位需有足够量，后窿门形态要根据下坠臀的形状进行调整，同时在下坠臀重心位置立面拔烫塑造臀型。平臀体型样板是在降低后起翘的同时，略减少后窿门尺寸。凸臀体型样板是在增加起翘的同时，增加后窿门尺寸，在凸臀部位拔烫塑造臀型，还可以考虑提高后袋位。

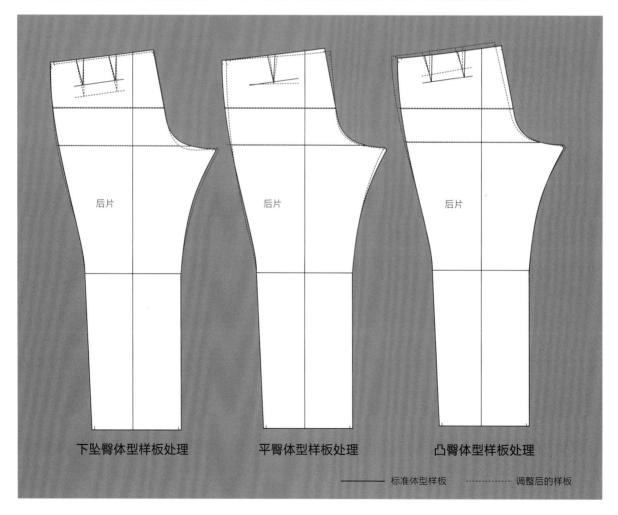

下坠臀体型样板处理　　　平臀体型样板处理　　　凸臀体型样板处理

——— 标准体型样板　　------- 调整后的样板

十、内八字和外八字腿体型特征与制板技术

1. 内八字和外八字腿体型特征

内八字腿指站立时两脚的脚尖靠得比较近,似一个八字,两膝盖向内倾。外八字腿指站立时两脚的后脚跟靠得比较近,似一个倒八字,两膝盖向外倾。

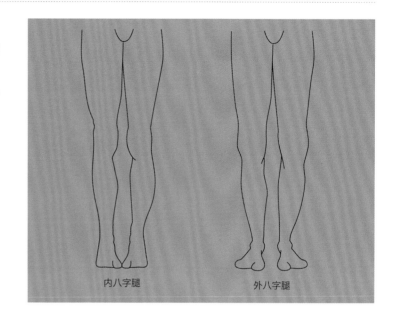

内八字腿　　　　　　外八字腿

2. 内八字腿体型制板技术

内八字腿体型穿衣时会出现正常裤子的前挺缝线扭向内侧,后挺缝线扭向外侧的现象。制板技术处理方法是在前片的内侧线上加量和在外侧线上减量,在后片的内侧线上减量和在外侧线上加量,增减量相同。

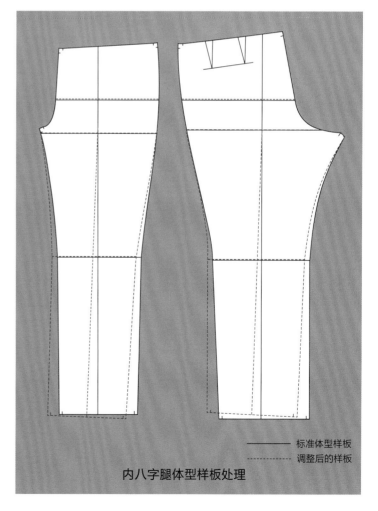

———— 标准体型样板
-------- 调整后的样板

内八字腿体型样板处理

3. 外八字腿体型制板技术

外八字腿体型穿衣时会出现正常裤子的前挺缝线扭向外侧，后挺缝线扭向内侧的现象。制板技术处理方法正好与内八字腿体型相反。

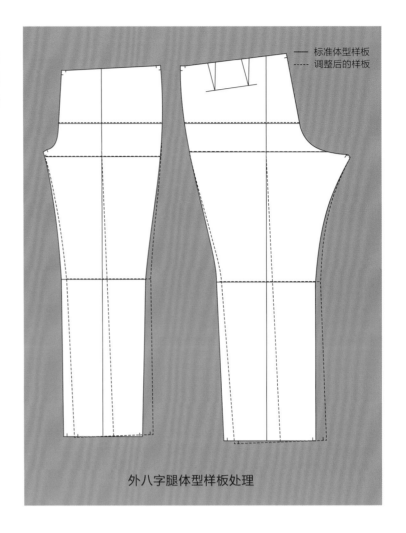

标准体型样板
调整后的样板

外八字腿体型样板处理

十二、X 型和 O 型腿体型特征与制板技术

1. X 型和 O 型腿体型特征

X 型腿体型特征是两膝盖靠得很近，两腿的外轮廓形态似 X 型。O 型腿体型特征是两膝盖距离较远，两腿的外轮廓形态似 O 型。这两类体型应避免穿紧身裤。

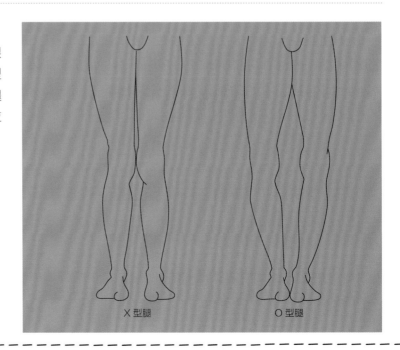

X 型腿　　　　　　O 型腿

2. X 型腿体型制板技术

X 型腿体型穿衣时会出现正常裤子的前后挺缝线扭向内侧的现象。在制板技术处理时需要在前后片的外侧线上加量并在内侧线上减相同的量，横裆和中裆的平衡线随之发生变化。

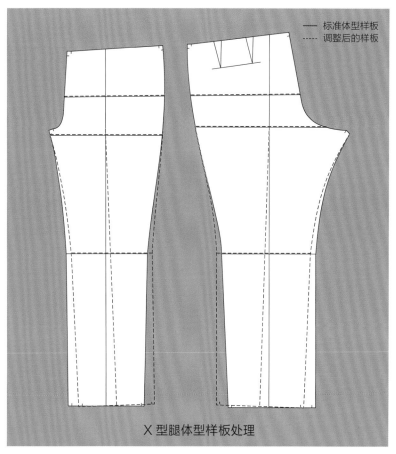

X 型腿体型样板处理

3. O 型腿体型制板技术

O 型腿体型穿衣时会出现正常裤子的前后挺缝线扭向外侧的现象。在制板技术处理时需要在前后片的内侧线上加量并在外侧线上减相同量，横裆和中裆的平衡线将随之发生变化。

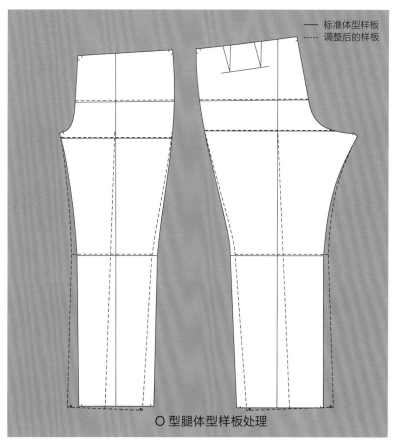

O 型腿体型样板处理

制板技术实例

一、案例1

1. 顾客体型分析

该顾客的肩点、胯点、外踝点三点连线在一条直线上，且垂直于地面，属于三点一线的标准体型，但是存在溜肩、奶胸、背侧肌外扩、肱三头肌外扩、肩头三角肌发达的复合性局部特征。

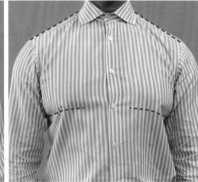

2. 制板技术解析

针对顾客的体型，先制作三点一线标准体型样板，然后在标准体型样板基础上，进行以下技术处理。

（1）从测量数据可知该顾客胸围偏大，需加宽胸围部位衣片量。

（2）加宽袖窿底部量，并加大臂围偏大部位的大小袖片量，以解决手臂粗壮问题。

（3）针对溜肩特征，根据顾客的颈圈形态和尺寸确定颈侧点。确定肩线的斜度和肩点位置时，需考虑肩膀处三角肌的形态，调整袖山圈形态与之协调。

（4）增加胸衬上的省量和衣片上的吃势量来辅助造型。

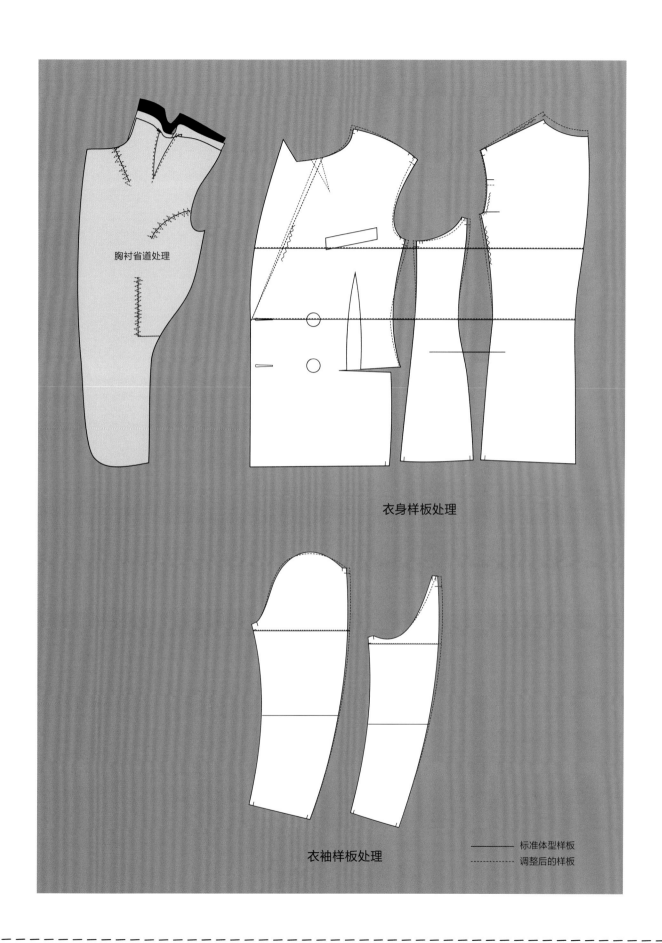

胸衬省道处理

衣身样板处理

衣袖样板处理

—— 标准体型样板
---- 调整后的样板

二、案例 2

1. 顾客体型分析

该顾客体型属于扁体，与三点一线标准体型相比，肩点稍向前冲，前臂弯曲较大，右肩比左肩低，视觉上右手臂比左手臂长，右边臀胯上倾。

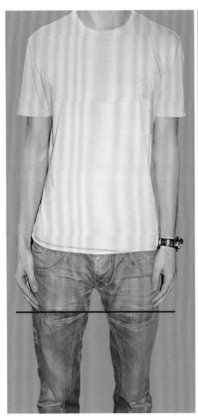

2. 制板技术解析

衣身样板的丝缕线（纵向）仍垂直于腰节线（横向），需要重点处理的是衣身分片量。针对顾客的体型特征，对标准体型样板进行以下技术处理。

（1）调整前、后袖窿线尺寸。

（2）同时降低右肩前、后片肩点和袖窿底点。

（3）调整袖片弯曲度并补正右胯形态。

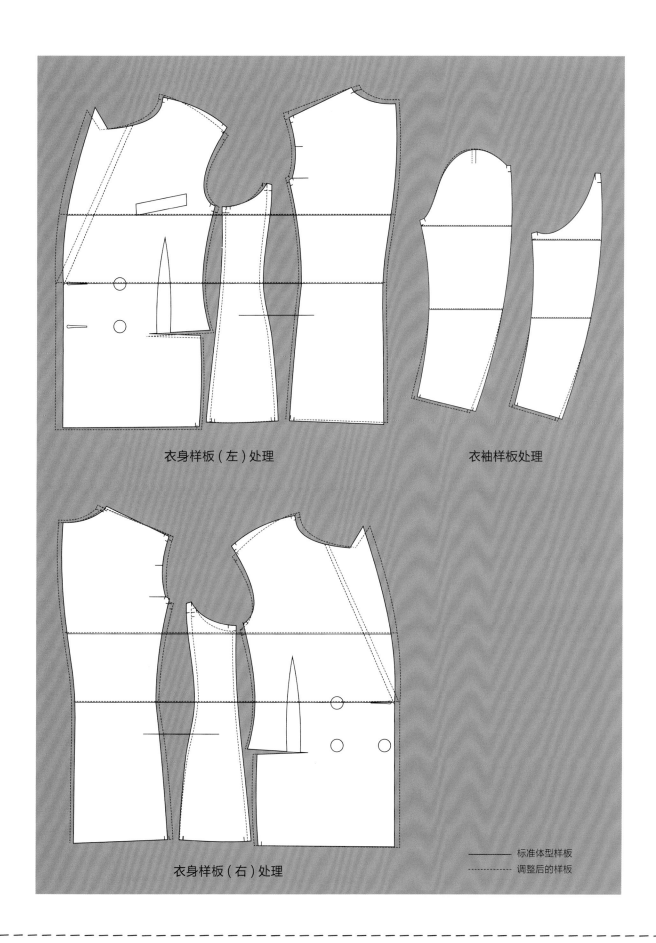

衣身样板（左）处理

衣袖样板处理

衣身样板（右）处理

———— 标准体型样板

------ 调整后的样板

三、案例 3

1. 顾客体型分析

先从侧面观察，可以发现该顾客的肩点、胯点、外踝点不在一条直线上，胯点前冲，后背弯曲，手臂较直且位置偏后，胸肌发达，脖子较粗。再以腰围线为分界线，上下分段解析。上半段分前胸部和后背部，前胸部的挺胸和肩点后移现象较为明显，后背部呈 S 状。下半段分腹围部和后臀部，腹围部略有肚但不太明显，而后臀较平。

2. 制板技术解析

针对顾客的体型特征，对标准体型样板进行以下技术处理。

（1）根据各部位的厚度，调整前、后片样板围度尺寸的分配比例。

（2）后片肩点位置后移，并通过增加圆背区域的纵横量来增加后肩线和后袖窿线上的吃势量。前片颈侧点略下降，增加前片胸围、腹围尺寸，减小后片腰围、臀围尺寸。

（3）加大腰省量，对面料归拔熨烫塑造胸型，并在胸衬上设置袖窿省辅助造型。

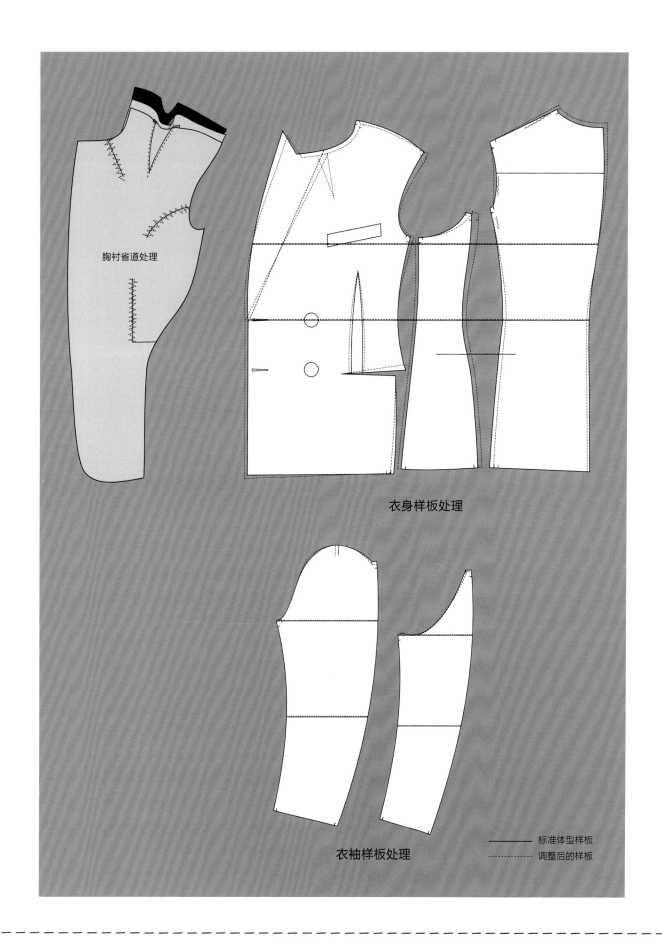

胸衬省道处理

衣身样板处理

衣袖样板处理

———— 标准体型样板

- - - - 调整后的样板

四、案例 4

1. 顾客体型分析

该顾客体型属于厚体，颈型粗短，大肚，从侧面观察，肩点与跨点连线向前倾斜，腰圈位置前移，三圈形态发生变化。以腰围线为分界线，上半段后高前低，下半段前大后小。

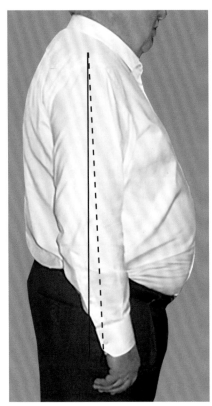

2. 制板技术解析

针对顾客体型特征，对标准体型样板进行以下技术处理。

（1）按厚体样板技术处理方法对衣片进行合理的分片，按短粗颈体型样板技术处理方法调整领圈，在后袖窿圈线增加吃势量。

（2）按大肚体型样板技术处理方法在大肚位置塑造出大肚形态，调整横向放量和前止口线，加大袋量并修剪掉侧缝处因旋转样板闭合省道而产生的余量，调整前片底边线和侧片前侧缝线。

（3）用制作工艺辅助造型，以大肚中心点为基准点归拔熨烫面料，塑造出腹部形态。同时，在胸衬的大肚部位剪个口子，塑造出与面料立面形态相匹配的胸衬。

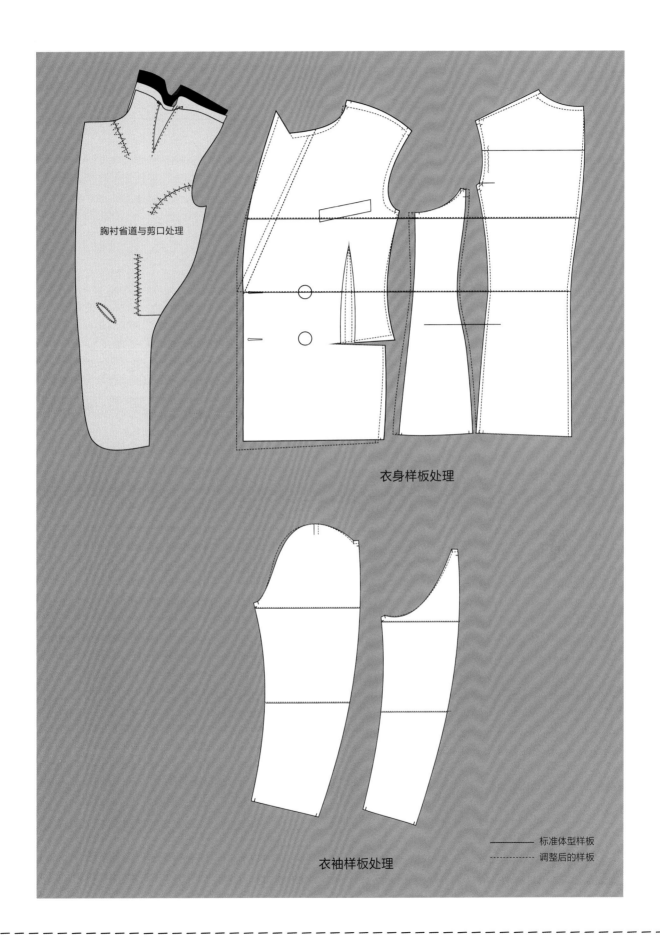

胸衬省道与剪口处理

衣身样板处理

衣袖样板处理

———— 标准体型样板

- - - - 调整后的样板

样板案例解析

本节案例介绍的是一件手工高级定制的经典女上装，可按男装的六片款进行设计与制板，由于女装的胸部和腰部比男装的立体感更强，因此需要将侧片分成两片，将前片的腰省打开，袖子与男装相同，采用两片袖结构。

一、合缝线形态

核对前插片与主前片合缝线形态，在样板上绘制等距线，并在前插片上用红色笔标注 1cm 的加长量。

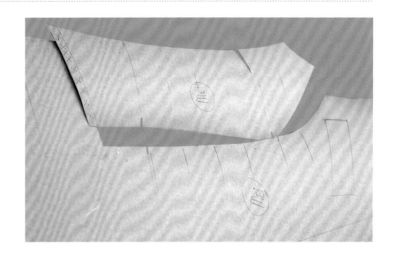

核对后侧片与后片合缝线形态。

核对前侧片和后侧片的侧缝线形态，并标记侧缝上段合缝线的车缝刀眼，无需任何吃势量。

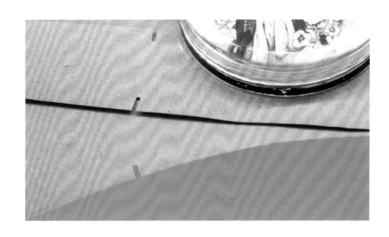

核对袖子外侧合缝线的形态。

核对袖子内侧合缝线的形态。

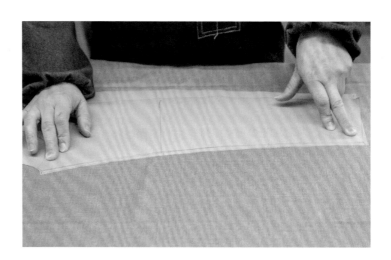

二、领圈、袖窿圈形态

　　将衣片肩缝对齐后，比对领圈的横、直开领形状，并观察其比例是否协调，同时比对前后肩线的长度，检查肩部吃势量。

将各片的袖窿圈边合在一起，核对袖窿圈的形态，如需修正，使用专业袖窿圈绘图尺辅助标记出需要修正的部位。

提示：在核对领圈、袖窿圈形态时，如发现其形态与人体特征不匹配，需及时予以修正。

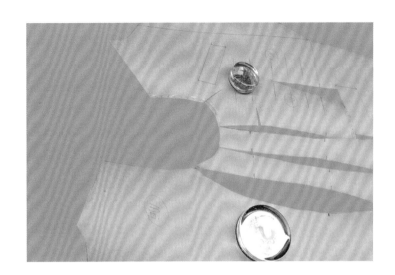

三、下摆造型

将衣片按照合缝后的状态摆放整齐，审视下摆造型。

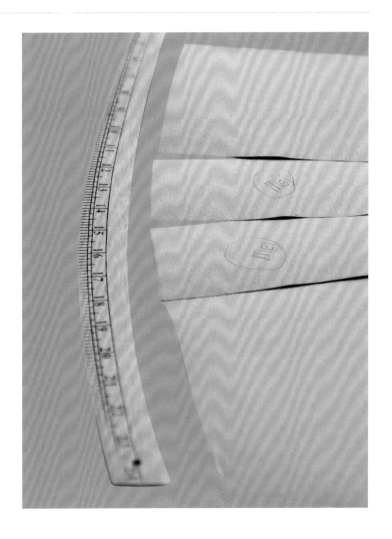

第三章

面料知识及裁剪工艺

手工高级定制服装是为每位顾客专门定制的独一无二的服装，除了一对一量体、定制设计及服务外，面辅料也是专门订购或定制的。可以采用限量定制高品质面料的方式，或通过独家买断产量较少的面辅料订购权来避免撞衫，从而确保顾客的定制服装是唯一的、独享的。本章以手工高级定制西装为例，讲解常用面料的相关知识和裁剪工艺。

面料和里布

　　手工高级定制服装对面料、辅料的品质要求特别高。就面料的织造方式而言，双经双纬的面料适合手工高级定制服装的熨烫归拔工艺。就面料的外观而言，高品质的面料通常具有自然的光泽和细腻的质感。选择面料需要考虑季节、成分、纱支、克重等因素。手工高级定制西装对于面料纱支以及克重的选择一般取决于穿着环境，以商务场合为例，常选用 150 支双股纱、克重在 300g/m^2 左右的面料。高支数面料细腻、柔滑而精致，面料密度越大，织造越紧实，制作出的西装越挺括。一般来说，夏季可以选择 280g/m^2 左右的轻薄面料，春秋季可以选择 320g/m^2 左右的中厚度面料，冬季可以选择 320g/m^2 以上的面料。另外，根据不同地区的气温差异，北方通常选择较厚重的面料，南方通常选择较轻薄的面料。

一、高级定制西装面料的代表性品牌

高级定制西装面料的代表性品牌有世家宝（Scabal's）、多美（Dormeuil）、贺兰榭瑞（Holland & Sherry）、哈里森（Harrisons）、史密斯（Smith）等。这些面料品牌公司生产的面料品质好、产量小、品种多，织造方式非常适合手工高级定制服装的归拔熨烫工艺，他们研发的羊毛面料引领着全球高级定制与成衣领域的面料风尚，且各品牌的面料都具有自己的特色。贺兰榭瑞的面料始终保持着英伦经典风格，以苏格兰格型为主，以高档的羊绒面料居多。世家宝面料工艺领先，向来崇尚对高品质羊毛面料的研发，曾将24K金丝织进面料中。每年春夏和秋冬两季，各品牌面料商会向定制面料采购商和定制品牌企业提供更新的面料样本册。

二、高级定制西装面料的主要风格

高级定制西装面料的风格有经典和时尚之分。经典风格面料通常包括平纹、条纹、格纹等，时尚风格面料通常指由于织造方式不同而具有特殊肌理的面料，或者由异色经纬纱织造而成的面料。

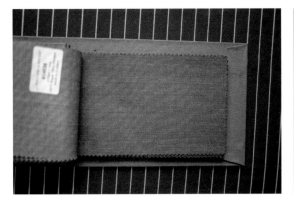

经典平纹

经典条纹

经典格纹

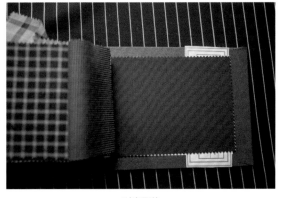

时尚平纹

时尚条纹

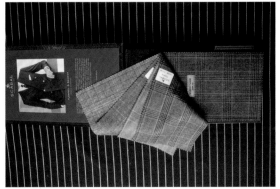

时尚格纹

三、高级定制西装面辅料选择与制作工艺

在选择高级定制西装的面料时，除了考虑设计需求外，还要考虑着装场合。商务会见等正式场合应选用色彩沉稳的面料体现严谨、端庄的气质。婚礼及庆典场合可选用端庄中略带时尚细节及喜庆色彩元素的面料，如金丝绒和毛丝混纺面料。休闲派对等场合可以选用色彩明亮清新的面料。另外，选择面料时还要考虑顾客体型。经典和厚实型面料比较适合体型偏胖的顾客，清爽而质感细腻的面料比较适合体型偏瘦的顾客。三点一线标准体型的顾客可选用任何风格的面料，体型不标准的顾客在定制业务中应避免选用大格子和宽条纹的面料。

适合高级礼服的高品质棉质丝绒面料

适合高级礼服的高品质真丝面料

适合休闲派对服装的暖色系面料

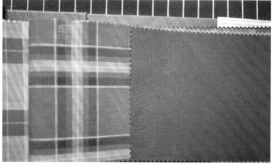

适合休闲派对服装的冷色系面料

适合商务场合的基础浅灰色面料

适合商务场合的基础灰色面料

适合商务场合的彩灰条纹面料　　　　　　　　　　适合商务场合的灰色条纹面料

适合便装的面料

适合裤子的面料

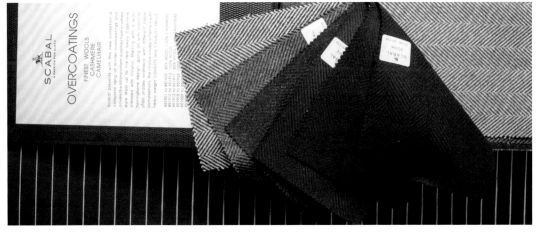

适合便装及大衣的人字呢面料

由于手工高级定制西装多为正式场合穿着，其款式具有一定的程式化特征，其结构线的设计受到一定的限制，总体变化不大。为了彰显个性，在选择里布时可以加入各种设计元素。里布除了在品质上必须匹配西装面料的品质之外，也可以在颜色上体现顾客的喜好。例如，商务场合的西装通常只选用基础的蓝、黑、灰色系定制面料，色彩相对较为沉闷，但若配上高品质的暗酒红色平纹里布，再加上内袋手工刺绣名字作为提色、点睛，整件上衣就有了一种内在的活力，同时也具有很好的标识性。另外，还可以选择各种不同风格的里布图案，如热爱运动的顾客可以选择运动风格类的里布图案等。

各种颜色的里布

不同风格的里布图案

手工刺绣名字

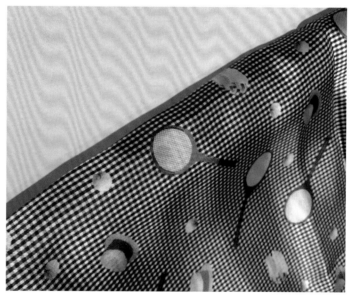

运动风格的里布图案

手工高级定制西装的制作工艺需考虑面料的特性。例如，夏天选用毛麻的条格面料，就需要了解毛麻面料易变形的特点，在裁剪、制作、熨烫时，要注意防止条格丝缕的扭曲变形。

下图中面料 a 和面料 b 的格型大小不同，面料 b 的格型量感较大，不同排料方式所形成的前片腰省部位会在缝合后呈现完全不同的视觉效果。面料 c 具有单向反光的特征，需要单向排料裁剪。面料 d 的格纹具有方向性，也建议单向裁剪。裁剪前需要确定对条对格方式，如衣身和袖子整体对格，局部袋位与衣片对格，后领与后片对格，驳头与前片对横竖格。

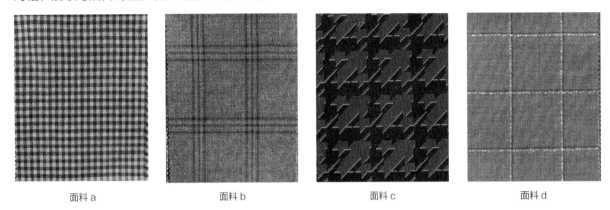

| 面料 a | 面料 b | 面料 c | 面料 d |

在制作时，同样需要注意特殊面料的制作手法。例如，平绒面料在制作时的注意事项有：扎毛样的手工线要用衬衫高士线，用 9 号细针，缝制时不宜采用连针针法；拆毛样时，用剪刀剪断每段手工线后，需拔掉短线；为了保持面料清洁，不能在丝绒面料正面使用划粉；不能用熨斗直接压在丝绒面料的正面熨烫，而需使用专业针垫工具，在面料的反面熨烫；丝绒面料容易出现掉毛、掉绒现象，应尽量避免修改。

四、手工高级定制西装的保养

通常手工高级定制西装穿着一到两天后，需要悬挂休养，让面料受到的拉伸和变形逐渐恢复。手工高级定制西装在被雨淋湿和受潮时，应立即用衣架悬挂于通风处自然阴干，避免在阳光下暴晒。切忌将服装堆放在一起，短时间堆放会导致西装的内衬变形，长时间堆放则会导致面料发脆。穿着合体服装时，举止幅度不易过大，否则面辅料会因承受不了过度的张力而被撕裂。

上衣排料与裁剪

本节以女西装上衣为例，选用格纹面料，清晰直观地介绍手工高级定制服装的排料与裁剪工艺。

一、排料与画样

1. 核对纸样衣片弧线段形态

对纸样各片上的弧线段形态进行核对检查。

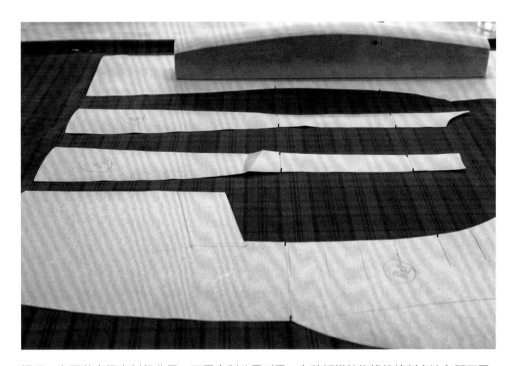

提示：在服装高级定制行业里，不同定制公司对男、女装纸样结构线的绘制方法有所不同，本书介绍的男西装样板的衣片结构线内包含车缝需要的1cm的缝份量，而女西装样板的衣片结构线内则不包含车缝需要的缝份量。

2. 主前片排料

将主前片纸样在面料上排准省道位后，将面料上的横向条纹宽度标记在纸样边缘。

提示：可使用有色水笔在样板上绘制格型单元，以便对格排料。

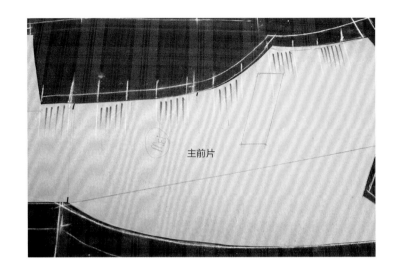

3. 前插片与主前片对条对格

以胸高点和腰围线为基准，去除造型需要的微量吃势后，根据主前片纸样边缘标记的横条纹宽度，在前插片纸样边缘做相应标记。

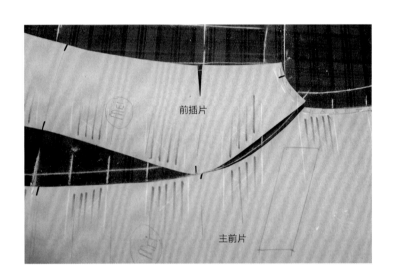

4. 袖山与前、后衣身对条对格

在已经确定的主前片和前插片的面料位置上，查看主前片和前插片组合形成的前袖窿圈条格形态并将面料上的横向条纹标记在袖片的纸样边缘。确定袖山点，再根据袖山形态，去除必要的吃势量后，将主前片和前插片纸样上的袖窿圈横条纹宽度标记到袖片纸样的前袖山边缘。

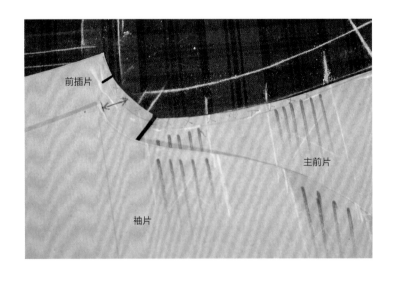

5. 大、小袖片对条对格

根据袖片纸样前袖山边缘标记的横条纹排料后，在大袖片外侧线标记横条纹宽度，然后在小袖片外侧线边缘标记横条纹宽度。

6. 领面与主前片对条对格

根据主前片纸样边缘标记的横条纹宽度，在领面（挂面）纸样边缘标记横条纹宽度。

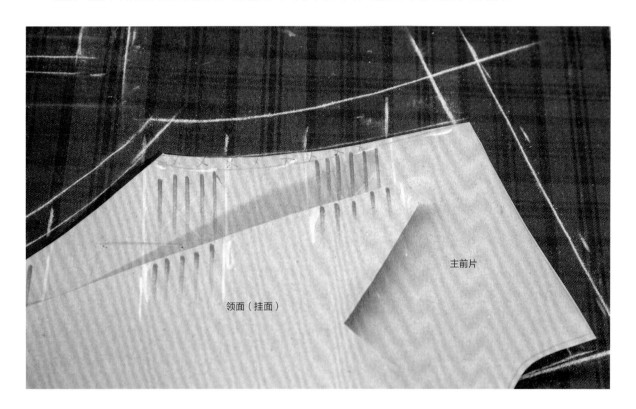

二、放量

1. 衣身放量

主前片的侧缝边、前侧片的前缝边加放 1cm；前侧片的后缝边、后侧片的前缝边和后片的侧缝边均加放 1.3cm，后片的后中缝边、后侧片的后缝边、主前片的止口缝边、前后肩缝边、前后领圈缝边、各分片袖窿圈缝边均加放 2.5cm；各分片的底缝边均加放 6.4cm。

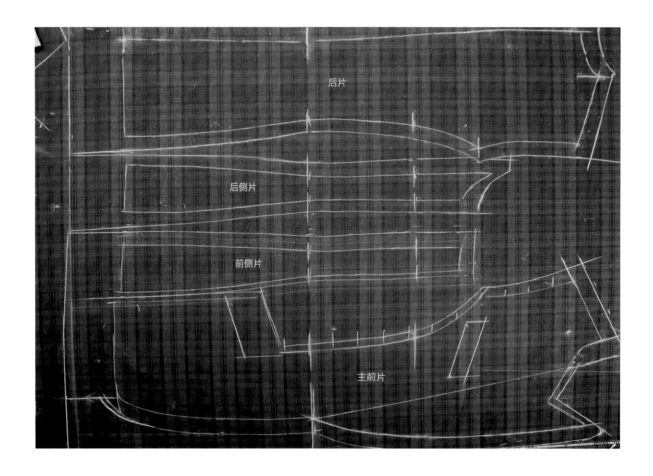

2. 袖子与挂面放量

大袖片的内外侧缝边、小袖片的内侧缝边、前插片的左右缝边、挂面止口缝边加放 1cm；袖口缝边加放 6.4cm；袖衩缝边加放 5cm；小袖片的外侧缝边和挂面领口缝边加放 2.5cm。

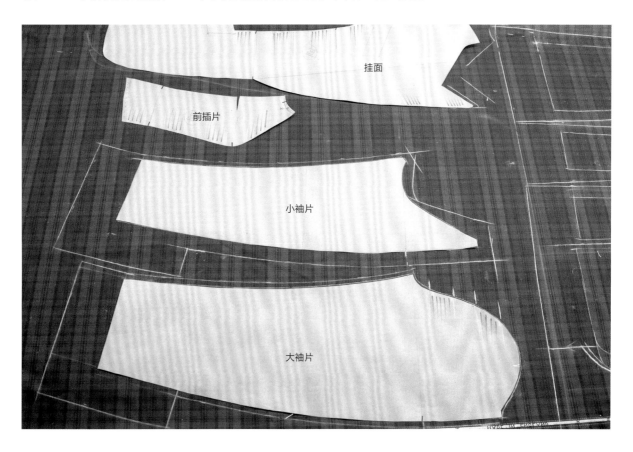

三、面料裁剪

1. 衣身裁剪

对于条格面料，裁剪前需整理上下层面料使其条格保持一致，并用针别住。

通常先单片裁剪上层画样，沿纵横方向将面料剪开，再裁剪下层画样，并检视上下层面料的对条对格状况，确保所裁剪的上下层衣片条格能够精准对应。

2. 双侧片裁剪

裁剪前侧片前，需要先将已经剪下的主前片面料再次与前侧片画样面料对条对格。同时检查别针固定的上下层面料丝缕是否保持重合，再沿前侧片的放量边裁剪。

裁剪后侧片前，同样需要先将已经剪下的前侧片面料与后侧片画样面料对条对格，然后再按照袖窿底的弧形放量边裁剪后侧片。

3. 后片裁剪

将已经剪下的后侧片面料与后片画样面料对条对格，然后从后片侧缝线开始单片裁剪后片，并再次确认别针固定的上下层面料是否对条对格。

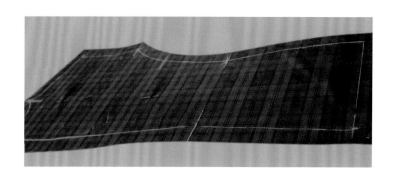

4. 大、小袖片裁剪

根据前道工序在大袖片纸样袖山处所做的横条纹标记排料。裁剪前需要将已经剪下的前片袖窿弧线处的面料与大袖片画样袖山弧线处的面料对条对格。

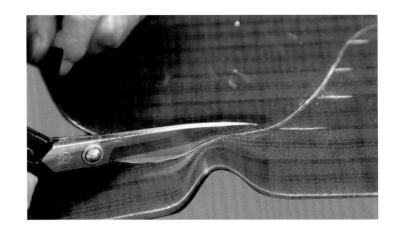

裁剪小袖片前，同样需要将已经剪下的大袖片面料条格与小袖片画样面料对条对格。

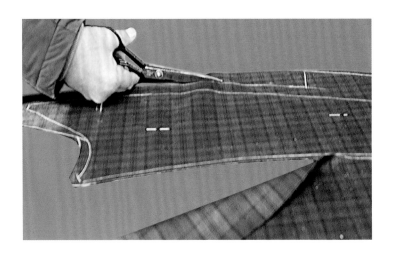

彩色条纹面料
排料与裁剪要点

　　手工高级定制服装的彩色条纹面料排料与裁剪以每个衣片缝合后都能保持完整的图案为质量标准，要求制作出来的服装前片、口袋、翻驳领均能保持面料图案完整，前片、侧片和后片的合缝效果能保持面料图案完整，大、小袖片外侧合缝后也能达到同样效果，且整件衣服前片、后片左右对称。

一、彩色条纹面料排料要点

1. 衣身排料要点

　　排料前需规划前、侧、后片缝合后面料彩条纹样的整体效果，以腰围位置为基准，确保条纹图案完整。从确定腰省的条纹开始，排出前片侧缝线的条纹色彩，再根据结构线的放量和面料条纹的色彩位置找到衣身样板上五条结构线所对应的条纹单元，并在样板上标注对条对格标记符号。

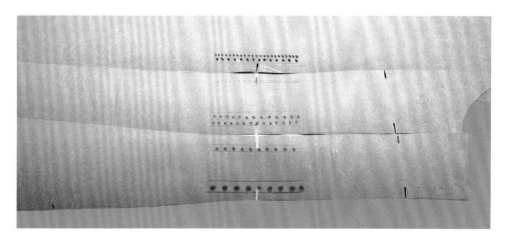

提示：纸样上标注的不同颜色的符号代表面料上不同颜色的条纹。

2. 袖子排料要点

排料前需规划大、小袖片外侧线合缝后面料彩条纹样的整体效果，先将大袖片纸样内侧线沿面料直丝缕方向定位好，再对应确定外侧线靠袖山段的条纹单元，并在纸样上标记条纹，然后依次在小袖片纸样外侧线标记条纹。

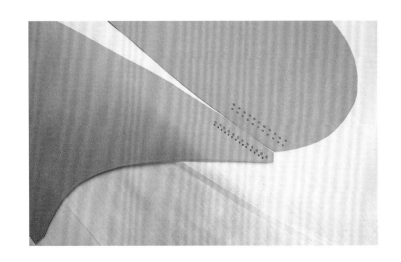

二、面料裁剪

1. 将面料沿直丝缕方向左右对折后，沿对折线剪开，然后上下调转方向，再将面料对合，使上下片对称。

提示：先裁剪上层面料衣片，再裁剪下层面料衣片。下层面料纵向裁剪时需和上层面料图案花型、条格保持一致，横向裁剪时只需检查两端丝缕与条纹图案是否对应。

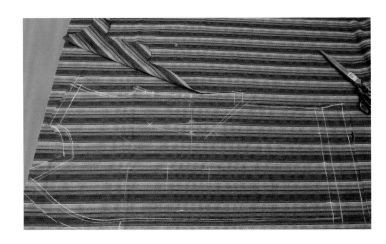

2. 横向裁剪。裁剪时需注意，为避免面料丝缕因牵扯等因素而导致变形，在裁剪部位需要依次用珠针固定。

3. 纵向裁剪。由于彩色条纹的色彩繁杂，易使人眼花缭乱，为了裁剪精确，可以在两层面料之间垫一张白纸。

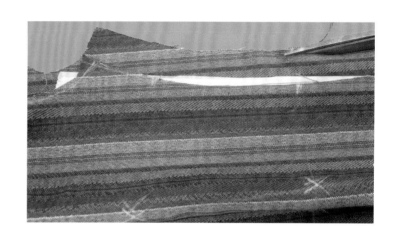

4. 在完成衣片面料的裁剪后，需检查对条效果，然后确定好要打线钉的线条，并做好标记。

第四节

上衣毛样衣片裁剪

本节以男西装上衣为例，选用条纹面料，清晰直观地介绍手工高级定制服装毛样衣片的排料与裁剪方法及流程。

一、面料整理

手工高级定制服装面料织造工艺上乘，面料正反面的精细度几乎没有差别，裁剪之前需要仔细观察，确定面料正反面，不过也可以根据顾客对织造纹理的喜好来选择面料正反面。对于条格面料，还需检查面料的对条情况，确保上下层面料丝缕平齐，无错位，再根据衣片大小进行排料、放量。

二、画样

依照纸样，用划粉在面料上绘制裁剪线，并通过纸样上的内孔点位绘制好内部结构线，包括手巾袋、腰省、口袋、扣位，胸、腰位及翻驳线等。

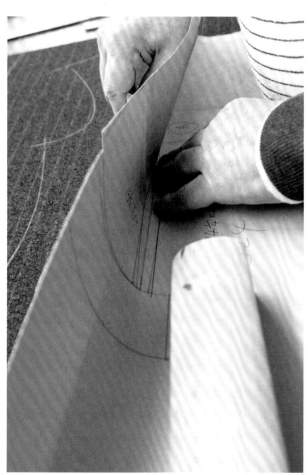

三、面料裁剪放量

1. 前片放量

因制图需要，样板前袖窿边、前片侧缝边已经包含车缝需要的1cm的缝份量。领圈、前止口、肩线和袖窿圈上段需在净缝线基础上加放2.5cm，其中袖窿圈上段的2.5cm放量需要和下段的1cm缝份量平滑过渡画顺，前片下摆需在净缝线基础上加放6.4cm。

2. 侧片放量

侧片样板的下摆是侧片衣长的折边线位置，袖窿边、前后侧缝边都已含1cm的缝份量。面料裁剪时，后侧缝需留有2.5cm放量，衩位上口需留有6.4cm、下口留有7.6cm的衩位放量，下摆需留有6.4cm放量。

3. 后片放量

样板后袖窿边、后片侧缝边都已含车缝需要的1cm的缝份量。条纹面料的后片排料需考虑两片合并后是一个完整的条纹单元。后中缝和后袖窿圈上段需加2.5cm放量，下摆需加6.4cm放量，衩位边需加5cm放量。

4. 袖片放量

大小袖片样板的袖口边是袖长的折边线位置，内外侧缝线、袖山线都已含1cm的缝份量。小袖片外侧线需加2.5cm放量，袖口边需加6.4cm放量。

四、衣片裁剪

1. 衣身裁剪

男装条纹面料的裁剪方法大致与前文所述女装条格面料裁剪方法相同。先沿纵横方向裁剪上层面料，然后检查上层面料与下层面料的丝缕与条纹是否对齐，核对无误后再开始裁剪下层面料。

2. 挂面裁剪

挂面领角口以下的止口段为直丝缕，挂面下口需要比前片止口宽出 2.5cm 左右，挂面下口的宽度为 17.8cm 左右。

3. 领面裁剪

领面小料的宽度约为 12.7cm、长度约为 35.6cm，具体还需要根据衣服尺寸大小而定，其他配料在制作时根据实际需求裁剪。

辅料裁剪

辅料裁剪包含里布和衬料的裁剪。里布裁剪的要点是将已经裁剪好的面料衣片作为参考样板，里布衣片需要比面料衣片大；衬料通常选用服装高级定制行业专用的材料。

一、里布的裁剪

1. 前片里布裁剪

靠止口边需去除挂面量，底边加放 1.3cm，肩线处加放 5cm（便于后期在肩部设置一个 2.5cm 宽的横向暗省），袖窿加放 1cm。

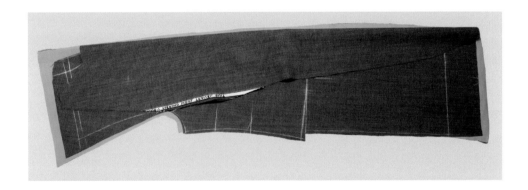

2. 侧片里布裁剪

袖窿加放 2.5cm，底边加放 1.3cm，两侧缝边各加放 1cm。

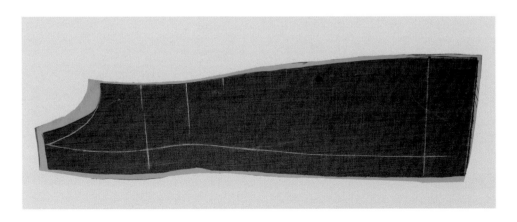

3. 后片里布裁剪

后片的里布通常是整块的，在中缝线的上端制作一个 2.5cm 宽的暗褶，两侧缝加放 1cm，肩线处加放 2.5cm，底边加放 1.3cm。

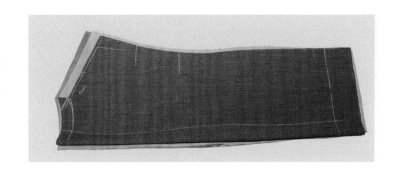

4. 小袖片里布裁剪

袖底缝加放 2.5cm，内侧缝加放 1cm，外侧缝上段加放 2.5cm，下段加放 5cm。

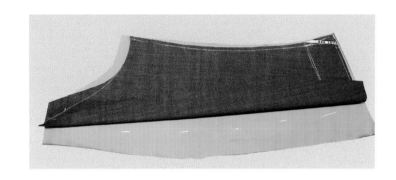

5. 大袖片里布裁剪

袖山加放 2.5cm，内外侧缝加放 1cm。

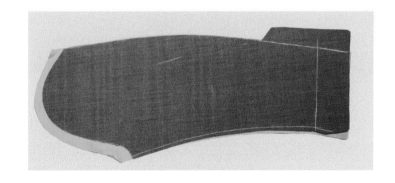

提示：承袭英式制作工艺的老裁缝有个习惯，通常会在衣片里布反面画上一道划粉线标记直丝缕方向，在额外预留的里布小料上用划粉标记 PKT，代表制作口袋时需要用到的里布料，方便制作时区分里布的正反面及丝缕方向。

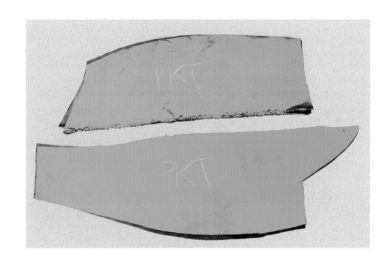

二、男装上衣衬料裁剪

1. 毛衬裁剪

毛衬的丝缕方向与前片面料相同，领围和肩部需长出 1cm，侧缝在胸部以下段比面料净样收进 5~7.6cm，其他各边与面料衣片平齐。

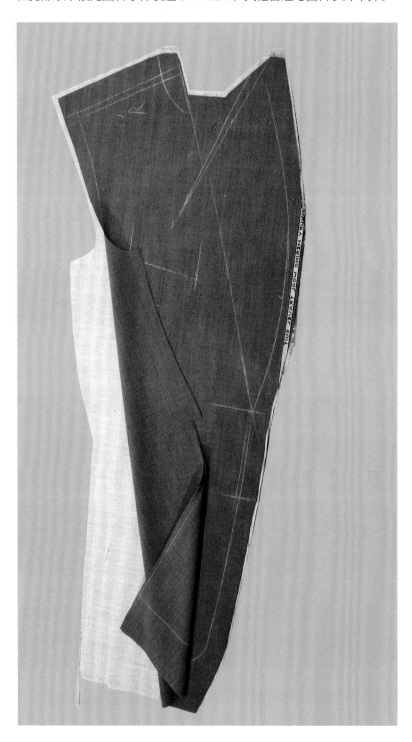

裁剪完毛衬后，定位并裁剪毛衬上的袖窿省、腰省和领省。

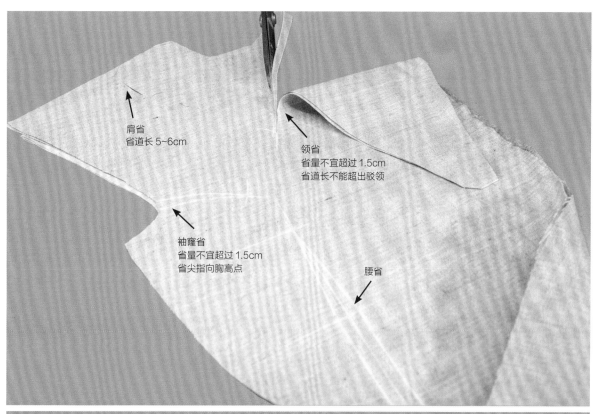

肩省
省道长 5~6cm

领省
省量不宜超过 1.5cm
省道长不能超出驳领

袖窿省
省量不宜超过 1.5cm
省尖指向胸高点

腰省

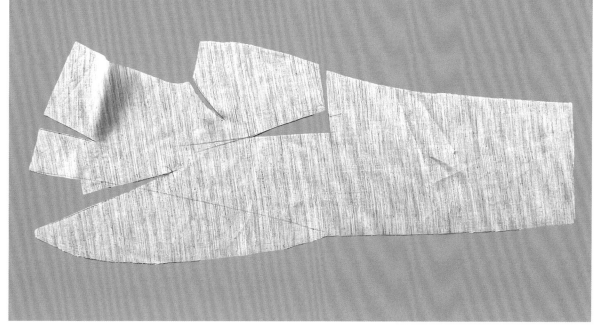

2. 马尾衬裁剪

马尾衬裁剪需规划好丝缕方向，通常将马尾衬的门幅边对齐毛衬的翻驳线边进行裁剪，马尾衬的大小参照毛衬的整个肩部和胸部尺寸，不含驳领。

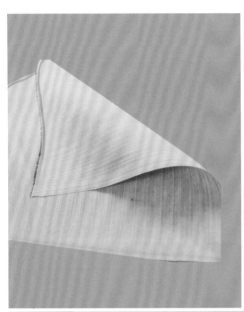
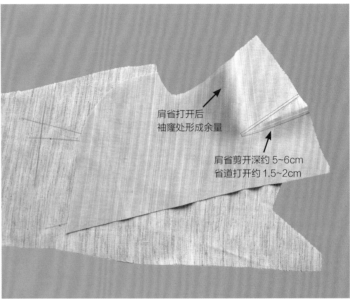

肩省打开后
袖窿处形成余量

肩省剪开深约 5~6cm
省道打开约 1.5~2cm

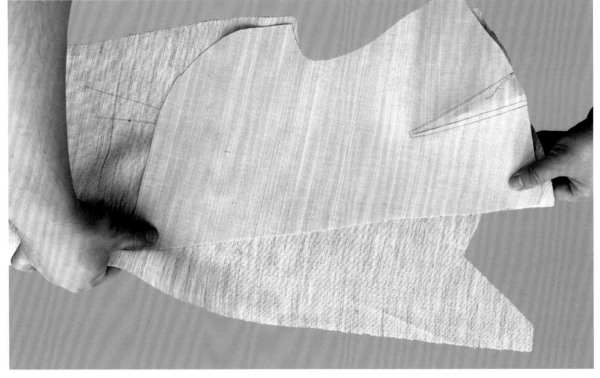

完成裁剪后的马尾衬形状。

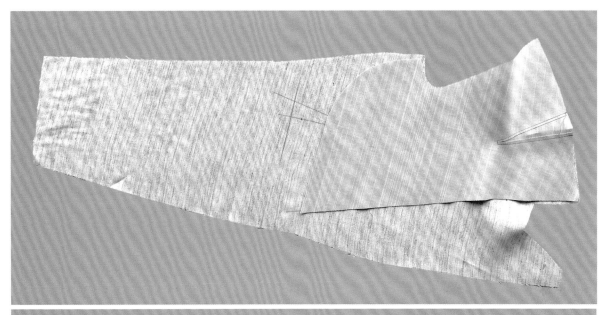

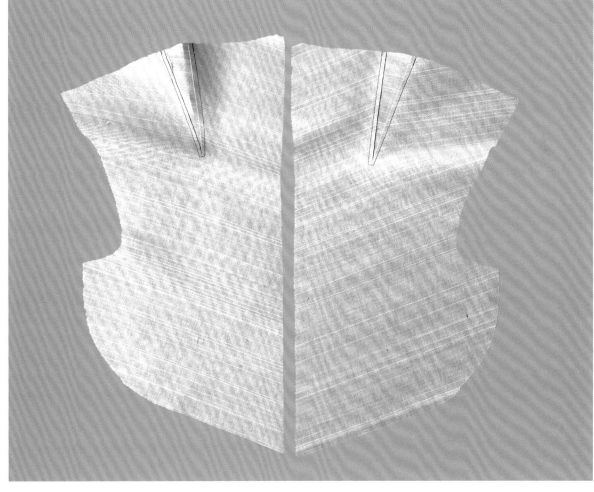

3. 肩衬裁剪

肩衬用于辅助塑造肩型，采用毛衬或马尾衬材料（粗花呢类厚料配毛衬，薄呢类面料配马尾衬），通常按斜丝缕方向裁剪，肩衬的大小参照马尾衬的肩部尺寸。

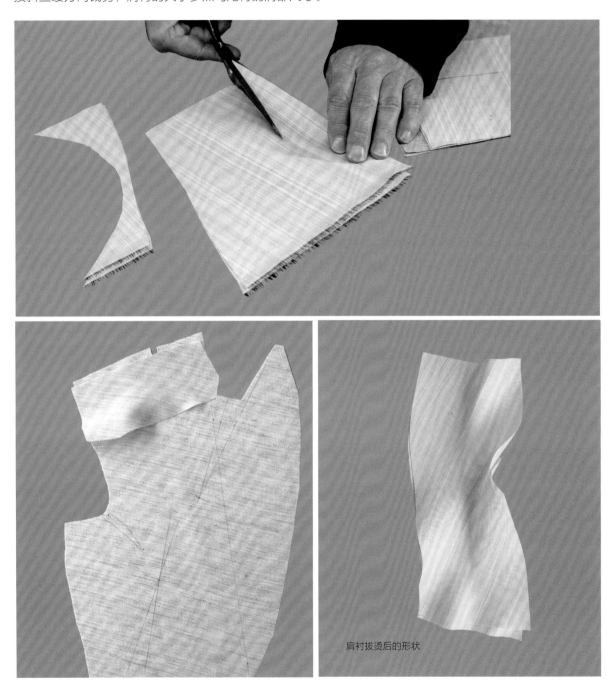

肩衬拔烫后的形状

4. 胸棉裁剪

马尾衬上还需覆盖一层软质的胸棉，用于辅助增加胸衬的柔软度。胸棉紧贴于马尾衬上，与里布相隔，可以防止马尾衬上的毛丝刺到人体皮肤。胸棉的大小需盖住马尾衬的胸部和肩部。

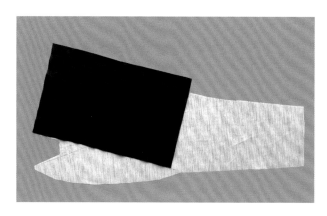

三、女装上衣衬料裁剪

1. 毛衬裁剪

女装毛衬的裁剪与男装有所不同，通常是参照衣片样板的结构线形态进行设计，根据造型与工艺需要，有时会将毛衬分成两片，但是整个长度和衣片相同。

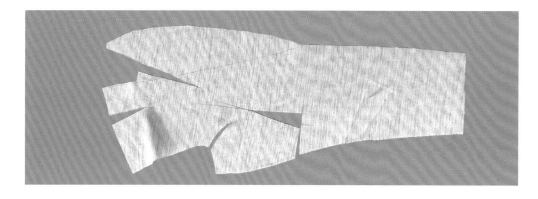

2. 马尾衬裁剪

马尾衬的裁剪除了需要参考毛衬的结构线形态外，还需要在胸下修剪出一个八字形，用于辅助塑造女士胸型。

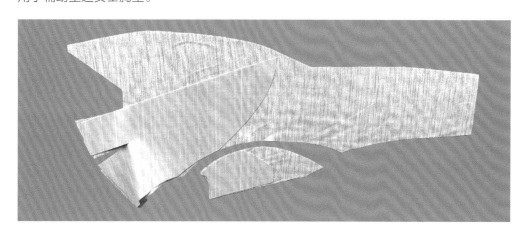

3. 肩衬裁剪

肩衬裁剪与男装相同，为了便于拔烫，通常采用斜丝缕方向裁剪。肩衬垫在毛衬与马尾衬之间。

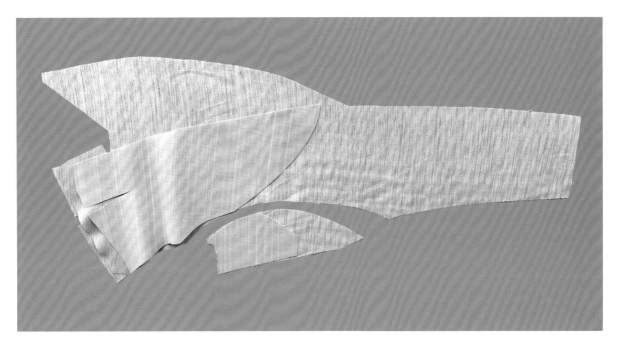

4. 胸棉裁剪

与男装一样，马尾衬上还需覆盖一层软质的胸棉。

裤子排料与裁剪

一、裤子排料

1. 核查窿门形状

在剪下裤片纸样之前，先核查窿门弧线形状。

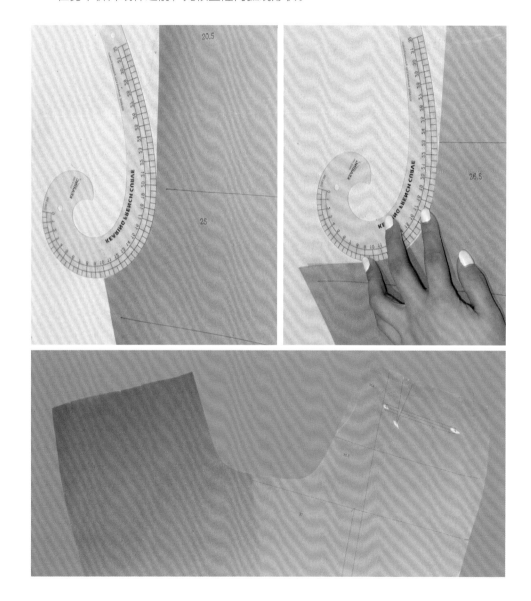

提示：本书介绍的男西装裤的纸样结构线内包括 1cm 的缝份量。

2. 核对面料丝缕方向

　　裤子排料的丝缕方向要与已经裁剪的上衣面料丝缕方向一致，而且倒顺毛与花色图案方向也一定要与上衣保持一致。排料时需要规划每片的放量。

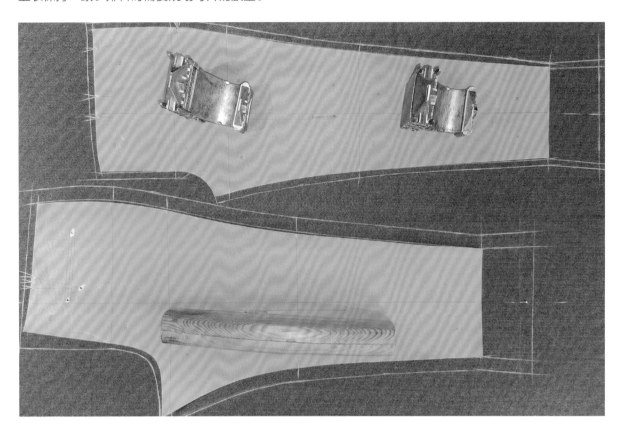

提示：除了规划每片的放量外，还需预留足够的面料，用于腰头、袋贴、门襟、裤脚口贴边等部件的裁剪。

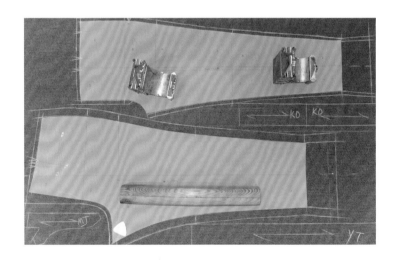

3. 裤子前片放量

裤子前片的左右两侧缝边加 1cm 的放量，腰线边和门襟前中缝线上口各加 1.3cm 的放量，裤脚口边加 10cm 的放量。

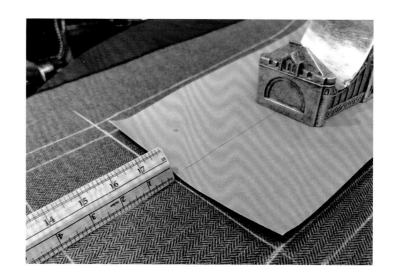

4. 裤子后片放量

裤子后片的左右两侧和后中缝线上口各加 2.5cm 的放量，腰线边留有 1.3cm 的放量，裤脚口边加 10cm 的放量。

二、裤子面料裁剪

1. 整理面料

裁剪前，需整理检查上下层面料，使丝缕方向保持一致，并用珠针固定。通常先单片裁剪上层画样，然后掀开上层面料裁剪下层画样，裁剪下层画样时需要边裁剪边核对上下层面料的丝缕，以确保丝缕方向完全一致。

提示：即便是裁剪平纹面料，也要和处理条格面料一样，仔细整理面料。

2. 前后裤片毛样裁剪

裁剪裤片面料时，要控制好剪刀，剪下去时要连贯，沿划粉线顺势将整条线剪完，剪下后的裤片需要继续保留别住上下层面料的珠针，以备打线钉。

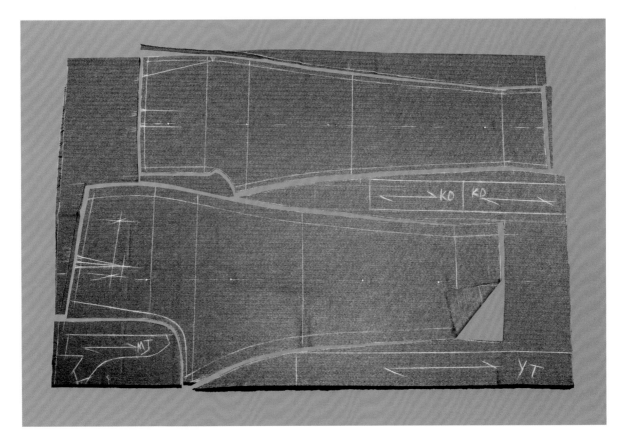

3. 裤子部件裁剪

剩余面料上的腰头、袋贴、脚口贴、门襟等画样无需精裁，需保留字母代号和丝缕方向符号，待制作时再精裁。

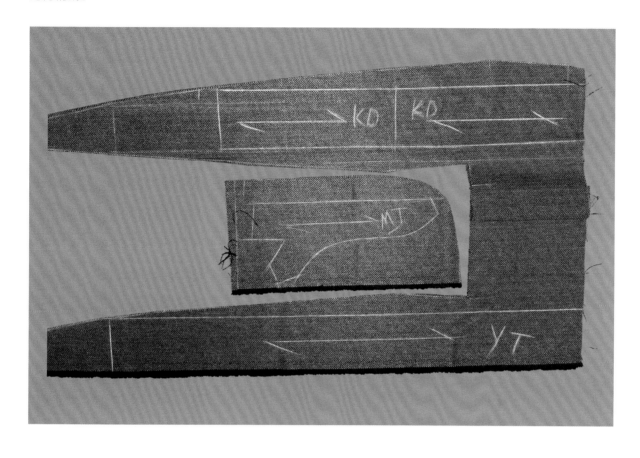

第四章
毛样及光样试样案例

　　试样可分试毛样和试光样。毛样只是完成了衣片立面造型和衣片结构线手工缝合的坯样产品，光样是对毛样进一步完善后，完成了前片的口袋和翻止口等制作工序的产品，并且衣片上已经缝合了里布等。两者的共性是都要约请顾客进店或上门服务当面试样。两者的不同之处在于，上衣试毛样时，可以根据需要调整衣片的止口、口袋及各衣片长、宽分配量，而试光样时，前衣长、止口量、口袋位等均已确定，只有其他部位可作适量调整。裤子试毛样时，可以调整所有含有放量的边缝，试光样时，只能调整后片的围度和长度。

　　本书以介绍手工高级定制服装的制板技术为核心，本章讲述毛样及光样试样案例的目的在于通过毛样及光样的试穿来验证定制款式的样板结构是否合理，并对样板进行修正，以便后续对衣片进行修正（详见下一章的撇门工艺）。

试样常用术语

1. 交止口

交止口是指试样时前片出现起吊现象，左右衣片下止口重叠交叉在一起。

2. 豁止口

豁止口是交止口的反义词，是指左右衣片下止口分得太开了。

3. 八字须褶皱

八字须褶皱是指前片或者后片的左右腋下出现的形似八字的褶皱。出现八字形褶皱说明腋下到颈部的衣身平衡度出现了问题，需要进行调整。

4. 倒八字须褶皱

倒八字须褶皱是指前片或者后片的左右腋下出现的形似倒八字的褶皱。出现倒八字须褶皱说明腋下到颈部的衣身平衡度出现了问题，解决方法与八字须褶皱相反。

5. 横向褶皱

毛样在后背、臀部等部位出现横向褶皱，说明该部位横向的量不够，需要增加横向尺寸。

6. 纵向褶皱

毛样在后背、臀部等部位出现纵向褶皱，说明该部位横向的量太大，需要减小横向尺寸。

7. 加量符号

加量符号分横向结构线和纵向结构线两种，卌是横向结构线的加量符号，丰是纵向结构线的加量符号。在距离结构线 1cm 处画上加量符号，表示该结构线需要增加 1cm 的量。

8. 减量符号

减量符号也分横向结构线和纵向结构线两种，— 是横向结构线的减量符号，Ⅰ是纵向结构线的减量符号。在距离结构线 1cm 处画上减量符号，表示该结构线需要减少 1cm 的量。

9. 撇门

撇门是试样后将毛样拆解成衣片，将衣片熨烫平整，并根据试样意见对衣片放量进行修剪的工序。

毛样试样准备工作

一、准备材料

　　毛样试样前，试样师需要提前准备好毛样试穿环节所需的材料和工具，包括用于记录定制业务相关信息的文件、笔、照相机（或手机），以及珠针、划粉、软尺、剪刀等。试样后，需将毛样衣服和试样信息单一起交给制板师，制板师需对影响试衣效果的样板整体结构提出修改意见并规范填写试样单，然后修板及修正衣片（撇门）。

提示：有些试样师习惯于使用珠针和划粉在衣服上做标记，更多定制公司会要求试样师规范填写试样单。

二、明确风格

试样师在毛样上进行手巾袋盖形态、大袋盖形态或其他需要补充的细节再造，使顾客定制的服装款式、设计细节和风格更加清晰。

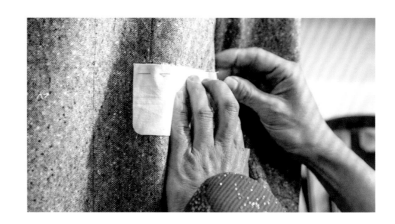

三、协助试穿

试穿前最好与顾客交流定制上衣的穿着搭配方式。本案例中的顾客定制的上衣采用了花呢面料，搭配了一件厚料衬衫。毛样的试穿需要在试样师的协助下完成。试穿时，由试样师用双手提起上衣，顾客将双手同时伸入袖子。

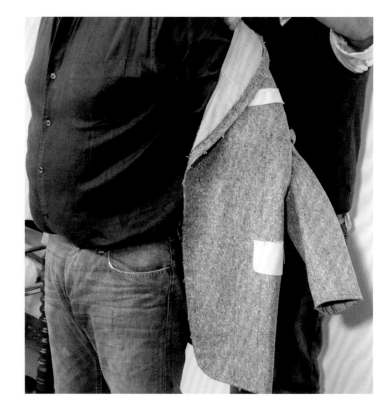

四、协助整理

试样师需要协助顾客整理毛样上衣，并整理好内搭衬衫的领子和袖子，观察毛样试穿后的平衡度。

上衣毛样试样操作

手工高级定制服装毛样试穿时的要点是，试样师需要先观察毛样腰节线的平衡度。依据人体站姿状态下肩点、胯点、外踝点的纵向三点，以及颈圈、臂圈、腰圈的横向三圈为基准，来观察服装穿在顾客身上后的平衡度。平衡度通常可以分为三个等级：一级为平衡度较好，基本符合标准体型的三点一线与三圈平衡理论；三级为平衡度较差；二级介于两者之间。试样师需以人体三圈平衡理论为判断标准，观察毛样与顾客体型之间的匹配效果，记录试样相关信息和问题解决办法。本节以男西装为例，讲述上衣毛样试样的操作要点。

一、整体判断

观察顾客试样时毛样腰节线以下的平衡度，如图所示，该毛样从试穿效果来看，平衡度较好，但腰节线以上部分还存在较明显的问题，主要表现在后片上半段体量不足，而袖外侧线的褶皱过长，说明后片需调整。

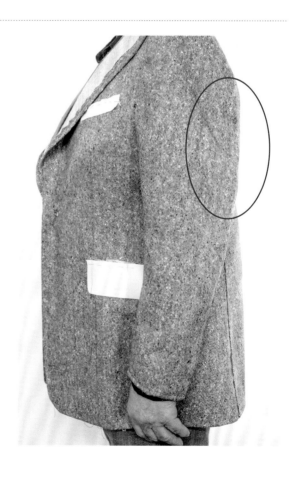

二、局部判断

1. 检视后片

以腰围线为分界线，将服装后片分成上背部分和下摆部分。观察试穿效果，由图可见：上背部分缺少足够的量来满足该顾客的背部形态；后片袖窿弧线过长，未能匹配人体臂型；下摆部分过长，且下摆围过大，不够合体。

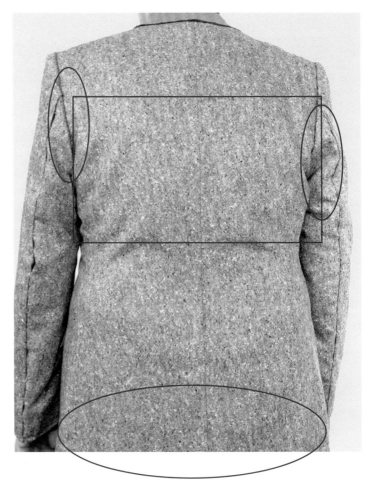

2. 检视前片

因尚未安装纽扣，需调整前片使叠门闭合，观察试穿效果，由图可见前袖窿没有完全贴合臂根。以腰围线为分界线，将服装前片分成上胸部分和下腹部分，观察试穿效果，由图可见下腹部分略显宽松。

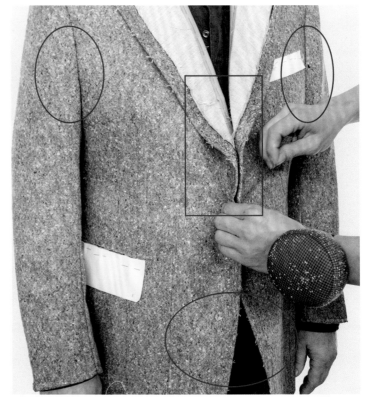

3. 检视前片的上半部分

此环节主要检视前袖窿与翻驳线，由图可见，前袖窿线和翻驳线明显不够贴合人体。

4. 检视袖窿底部与侧片

由图可见，胸围的余量主要集中在腋下，同时侧片的下摆部位也存在较大的空隙。

5. 检视领圈

将软尺贴住顾客后颈使其自然向前悬挂，与人体颈部形态倾向一致。软尺在颈椎点的位置为上衣后领贴合颈部的高度位置。由图可见，后背量需要加高。

6. 调节袖窿

用珠针别出需要调整的余量。

7. 调节后片下摆余量

试穿效果显示后片下摆不够贴臀。用珠针别出左右两侧需要调整的余量，做好标记。

8. 调节后衣长

试穿效果显示后片稍长，需要重新确定后片长度。后片长度的确定方法：双手握住软尺，从后腰处开始逐渐向下平移，经过臀部，直至臀根，以此作为后片下摆边沿的参考位置。

9. 修正前片

根据顾客体型、脸型、个人气质等因素，确定领型和扣位。如图所示，根据该定制款式设定的扣位，需要将衣片腰围线略微上提。

10. 调节前片下摆余量

根据试穿效果，需要将小腹下方的下摆余量做好修正标记，并对前止口处下摆弧形进行修正和美化，用珠针做好标记。

11. 调节袖肥与袖山量

对后片袖窿弧线和侧片袖窿弧线量进行修正时，需要考虑袖肥和袖山量的匹配。如图所示，需要减少小袖片的袖山弧线量。

12. 局部细节调整

如图所示，该顾客毛样试穿后整体效果呈现较明显的左右肩高低差现象，反映了顾客右肩比左肩低的局部特征，导致右腋下和右袖外侧线上有明显的褶皱，需做好标记，以便后期进一步调整。

裤子毛样试样操作

安排顾客去试衣室更换需试样的裤子。建议顾客将裤腰提至平时习惯的位置，按原皮带孔位将皮带收紧。

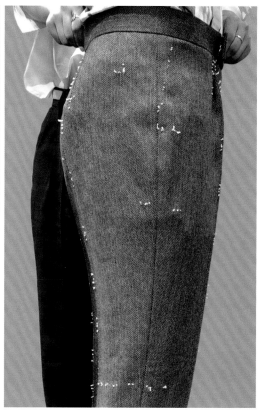

提示：裤子毛样试样前需要准备的工具与上衣毛样试样相同。

一、整体判断

　　顾客穿好毛样裤子后，试样师对裤子是否匹配顾客风格进行整体判断，并给出穿着搭配建议，包括定制裤子需要搭配的上衣，适合穿着的场合等。

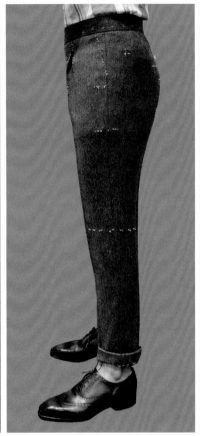

　　从试穿效果来看，该裤子的整体平衡度和腿型的立面形态良好，但作为正式西裤还需要略宽松些，故需在前片的左右侧缝加0.5cm的放量，在后片的左右侧缝加1cm的放量。如图所示，在裤片上标记放量符号。

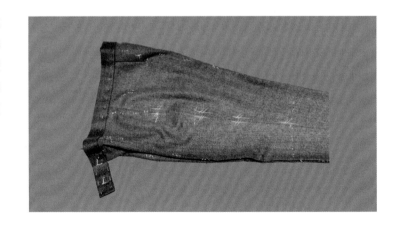

二、局部判断

1.裤子腰围

该顾客平时不习惯系皮带,试穿时对于腰头的前后高低位置和松紧程度很满意,同时腰头的上下口和吃势量也贴合人体腰部,门襟丝缕平直,不足之处是前裤褶略有些张开。

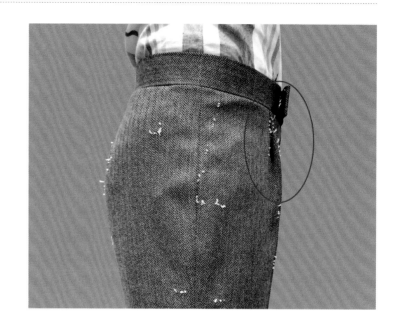

2.裤子窿门形态

裤子窿门形态分前窿门、后窿门和裆底三部分。从试穿效果来看,前窿门处的腰头高低和腹部的松紧适宜,后窿门的起翘高低和后臀的松紧均较为适宜,裆底宽度和直裆深度适宜。

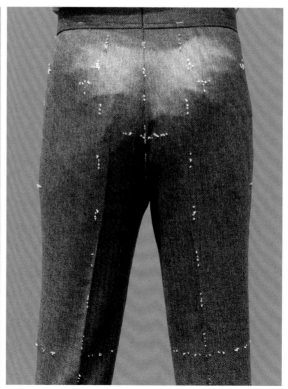

3. 前视效果

前片以前挺缝线和膝盖位线钉为纵向和横向轴线（右图），以此为基准判断试穿效果。通过试穿发现，有两个地方需要补正，分别是左小腿的外侧线需加放1.3cm、右小腿的外侧线需加放1cm，在裤片上标记放量符号（下图）。

左腿外侧　　　　　右腿外侧

4. 侧视效果

侧片以侧缝线和膝盖位线钉为纵向和横向轴线，以此为基准判断试穿效果。由图可见该裤子毛样试穿效果无异常。

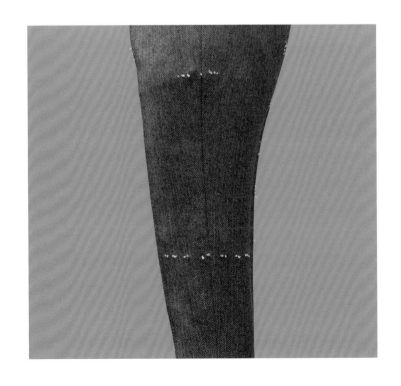

5. 后视效果

后片以后挺缝线和膝盖位线钉为纵向和横向轴线，以此为基准判断试穿效果。由图可见顾客的左腿后挺缝线有偏移，整体裤腿增大些就能改善视觉效果，故需将裤子外侧线的放量换到内侧线上。

6. 裤脚口效果

从试穿效果来看，前脚口的挺缝线应落在脚背上，后脚口的挺缝线应垂直下落至鞋跟（左图）。故需将前挺缝线加长 1.3cm，后挺缝线加长 2.5cm，在脚口上标记放量符号（右图）。

 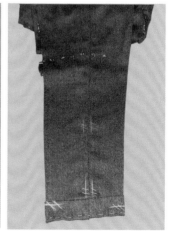

试样后的样板及衣片修正

经过毛样试衣环节后，对于毛样的修改，试样师和制板师会有一个工序交接。试样师要给出一份试样信息记录单，并在毛样上用珠针或划粉等做好局部修正的标记。制板师要仔细阅读试样信息记录单，了解文字修改意见，有时还需要和试样师共同商讨一些细节，然后修改样板，最后修正衣片。本节仍以上一节试样的西装上衣毛样为例，解析相关问题的解决方法。

一、上衣样板修正

1. 调整样板前后肩斜

解决毛样后背上部与顾客背部形态不匹配的问题，需要提高衣片腰围线的位置，并采用增加肩斜度的方式来增加后背量，增加肩斜度的同时又可以减短后袖窿弧线尺寸。

2.调整腋下胸围余量

　　解决毛样腋下、胸腰围处余量较大的问题，可通过对前片侧缝线、侧片两边侧缝线和后片侧缝的胸腰围处进行顺势的微量修剪来修正。

前片侧缝线

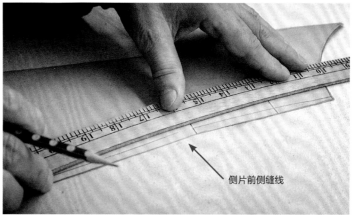

侧片前侧缝线

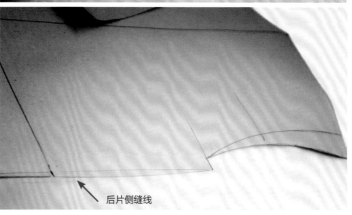

后片侧缝线

3. 调整下摆余量与前摆造型

解决试衣环节中标记的毛样下摆余量及前止口下摆造型等问题，可通过修剪前片、侧片和后片的长度，同时修剪前止口下摆弧形部位和后片、侧片的各条结构线的方法进行修正。

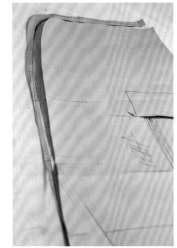

4. 调整袖窿圈造型与尺寸

解决试衣环节中标记的毛样袖窿圈不匹配人体臂圈的问题，可对前片和侧片的袖窿弧线形态进行调整，同时缩短后袖窿弧线，并配合相关工艺技法修正袖窿弧线形态。

5. 修正侧片与后片臀部余量

解决试衣环节中标记的毛样臀部余量过多问题，可通过修剪侧片臀部左、右侧缝线和后片两侧余量来修正。

6. 调整前止口

解决试衣环节中标记的毛样前片下腹部分余量过大的问题，可以通过修剪前止口的方法修正。止口位置的修正量一般不超过 1.3cm。

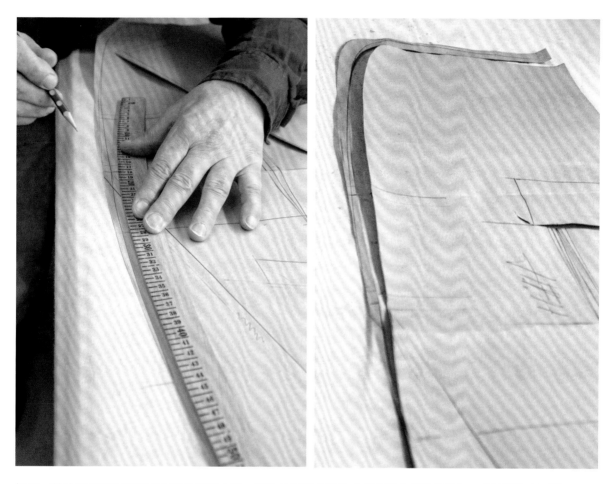

提示：前片围度的加量不宜全部放在前止口，因为放出前止口的全部余量会导致胸省和口袋位置偏向两侧。

二、衣片修正需把握的要点

1.依据样板，把握方法

修正衣片样板时，不建议将已经修改好的样板覆盖在毛样衣片上进行画样修剪，因为原先平整的衣片已经通过一系列的基础缝制与归拔工艺形成了符合人体形态的毛样衣片。因此，将样板直接覆盖在毛样衣片上画样，会因为衣片不平整而造成误差。正确的方法是，保留之前从样板修剪下来的或补充上去的小样，用这些小样作为参照，修剪或补充毛样衣片。

2.整体修正，兼顾细节

　　按照以上方法，依次对样板上需要修正的部位进行逐个修正，在把握整体的同时，兼顾细节。例如，试衣环节可见，此顾客有右肩低的局部特征，除了完成右侧肩部和袖窿的修剪，还需要对右片的前、后肩线和右袖窿深度进行修正。

3.细心操作，避免牵扯

　　毛样中前片侧缝线和侧片前侧缝线已经正式车缝固定，试样中如果必须修改此部位，在拆除车缝线时应非常小心，避免牵扯面料丝缕。

试样后的局部精工艺制作要点

在完成样板与衣片的修正后，开始局部精工艺制作。制作时，可以通过缝制技巧完善和提升服装的板型和穿着效果。

一、修正后领圈

如果上衣的后领圈不够贴合顾客的颈部，除抬高领圈线外，还需通过手工覆牵带来实现对后领圈的塑型，使后领圈收紧。制作时，用手工回针纳进多余的吃势量，将棉布牵带覆在后领圈上，塑造出符合顾客颈部形态的后领圈。

二、修正肩型

　　根据该顾客的后背立面形态造型需求修正肩型，需要增加横向的松量，因此在修正时应加大后肩吃势量。在制作工艺中能纳进多少吃势量取决于面料质地和具体部位，该部位最大吃势量一般不超过2cm。制作时，可以采用两道手工缝线纳进吃势量，并通过立面熨烫来辅助塑型。

三、修正袖窿圈

　　首先需要增加纵向的松量，在后袖窿圈上缝制棉布牵带，以手工回针纳进最大吃势量，并确保能完全归烫平整。然后修正袖窿圈的形态，在满足袖窿圈贴合臂圈的同时，需要确保顾客穿着时的舒适度。

四、袖窿圈与袖山的匹配

修正袖窿圈使之与人体臂圈贴合后，需调整袖山形态，使其与袖窿匹配。操作时需把握两个要点：（1）根据在试样时确定的袖口位置确定袖山顶点；（2）根据袖山顶点位置重画前袖山和后袖山，使其匹配袖窿圈形态。

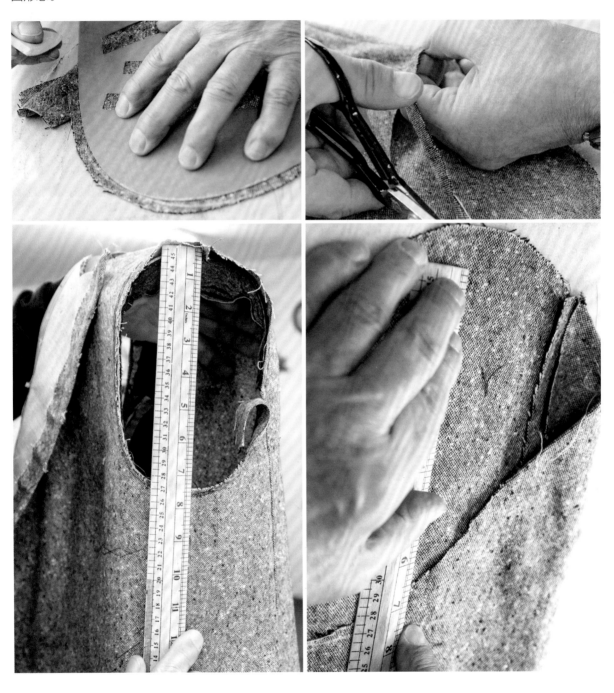

五、修正胸型、翻驳线和领型

在大小头软垫沙包上归烫前片胸型，归烫时始终保持前片面料丝缕线顺直，增加翻驳线上部牵带的吃势量，使后领圈完全贴合顾客颈部。

六、修正臀圈与前摆造型

需要均匀地修剪每条结构线以修正衣片臀围处的余量，同时，还需要对前止口线、前止口下摆弧形和下摆线进行归烫塑型。

光样试样

在手工高级定制的试样环节中，除了试毛样以外，还需要试一次光样。光样试样是指通过毛样试样与修改完成光样制作后，再次约顾客进行一对一试样。

提示：对于部分老顾客，定制公司因已留有该顾客的体型样板，并且已经积累了制作该顾客服装的经验，故通常可省略此环节。而对于特殊体型的新顾客，则可能需要约顾客试穿两到三次光样。

一、领圈贴合

光样的领圈贴合顾客的颈部，领座上口圆润，下口与人体的颈根无空隙，翻领边缘舒展，完全符合肩膀的立体造型。

二、下摆平整

修正后的光样下摆看起来很平整。

三、上下比例协调

该顾客的腹围尺寸较大，因此塑造出强健的胸型来呼应其腹型。

四、左右肩不对称的再调整

在毛样试样后，对右肩已有减量，从此图看，还需要进行微调，同时还需调整腋下和小袖片。

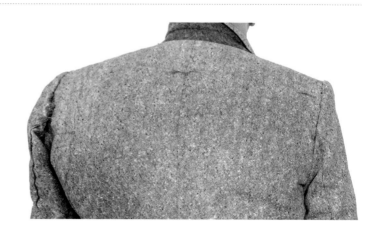

第五章

撇门工艺

　　本章内容是对上一章毛样衣片修正流程中所提到的撇门工艺的补充介绍。撇门是手工高级定制的专业术语，是指将试样后的毛样拆开，将衣片熨烫平整后，根据试样意见对衣片放量进行修剪的工序。撇门工艺是毛样衣片修正的关键技术，故本书将其单列一章进行讲解。

第一节

撇门工艺准备工作

一、修正部位尺寸的复核

　　在服装手工高级定制行业中，不同定制公司在试样中对信息的标记方法有所不同。有的使用划粉，有的使用珠针来标记需要调整的结构线。撇门工艺的第一步是根据毛样试穿过程中的标记，复核各衣片修正部位的尺寸。

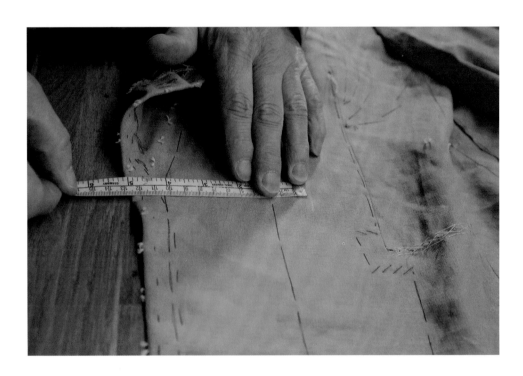

二、修正部位结构线形态的再造

分拆毛样之前，在已经复核过尺寸的修正部位重新画结构线。

提示：绘制前需要将划粉削薄、削尖，以免因结构线画得太粗而产生误差。

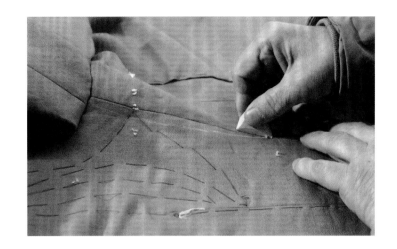

三、分拆衣片的方法

撇门工艺是在平面的衣片上操作的，故需要将手工缝制的假缝线拆开。拆线时，左手捏住拆线部位，右手拿住剪刀的里口处，用剪刀尖头挑起每一针缝线后剪断，操作要很谨慎，以免损伤面料。

提示：操作时需使用最小的纱线剪刀或专用拆线器来拆解衣片之间的缝合线。

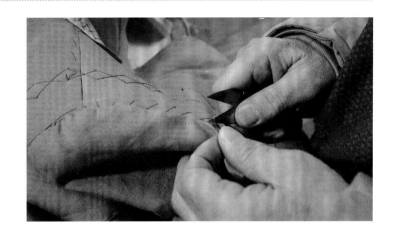

四、重塑新结构线线钉

将毛样分拆成衣片后，用不同颜色的线在重画的结构线上补打线钉，并用镊子将原来的线钉拔掉。

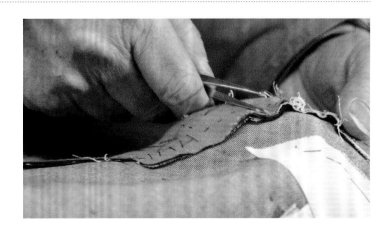

第二节

撇门工艺要点

一、重整衣片立面形态

先将褶皱边熨烫平整，然后按照衣片已有的立面形态整理丝缕并熨烫，不同立面部位需要用大小头软垫沙包的相应位置进行熨烫整理。

二、修改已车缝的结构线

如有必要修改已车缝的结构线，即后片中缝线、前侧片合缝线和袖内侧合缝线这三条线，应在分拆衣片之前将该部位的丝缕烫平整并重新画结构线，待车缝好新的结构线后再拆解原有的车缝线。

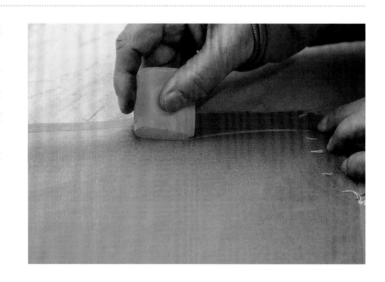

撤门工艺操作

一、衣身纵向尺寸与结构线

前衣长是从前颈侧点下方 1cm 处垂直量到下摆的尺寸，后衣长是从后领圈中点垂直量到下摆的尺寸。根据试样确定的尺寸，画准肩线、下摆线、颈侧点。

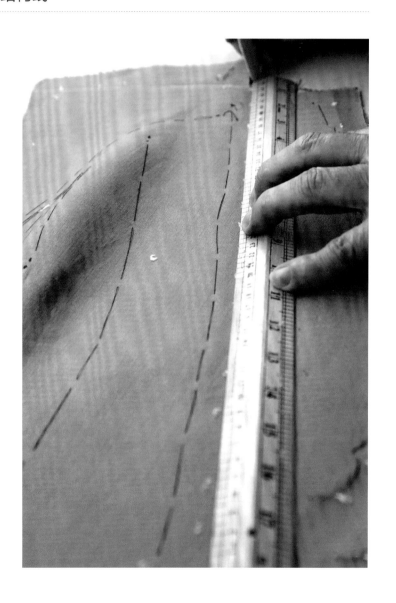

二、衣身围度尺寸与结构线

前胸宽和后背宽通常只作为参考尺寸，1/2 胸围、1/2 腰围尺寸是前止口到前片侧缝划粉线收进 1cm 加侧片两边侧缝划粉线各收进 1cm，再加后片侧缝划粉线收进 1cm 到后中缝的距离之和。根据试样确定的尺寸画准止口线、侧缝线和袖窿线。

三、驳领宽、驳领结构线

本案例是青果领，驳领宽需垂直于翻驳线进行测量，串口线和外弧线需匹配上衣外轮廓造型。

提示：在画驳领形态结构线时，先将整个前片平铺，使领面完全处于平面状态下，方可操作。

四、袖子尺寸与结构线

袖长为从袖山顶点向下1cm处垂直量到袖口底边的尺寸，袖肥和袖口宽只作为参考尺寸，根据试样确定的袖子的前后位置，画出袖山顶点，并画准前后袖山形态线。

提示：手工高级定制服装的袖山顶点是在试样中通过微调后最终确定的，故撇门时根据正确的袖山顶点画袖山形态线很重要。

五、撇门修剪

撇门修剪是每一次试样后的收尾工作，同时也是衣片进入精工艺缝制前的首要工作。

提示：（1）不同长短和形态的线条需使用不同大小的剪刀；（2）对于局部的撇门修剪，需保留修剪下来的余料，以此作为参考，修剪另外一边。

后记

　　服装手工高级定制是建立在不同时代、不同国家的不同顾客生活方式需求上的定制服务，是一项与时俱进的技术服务，即需要传承，又需要创新。所谓他山之石，可以攻玉，文中所述的服装高级定制技术，是本人数十年从业经验的总结，也是对红帮裁缝技术的传承，以及对英国萨维尔街英式高级定制服装技艺的借鉴与创新。

　　我很幸运，一路走来得到许多学者、专家的帮助和指点，借此机会我真诚地感谢浙江理工大学邹奉元老师、鲍卫君老师、胡蕾老师、宁波大学昂热大学联合学院许才国老师、红帮专家陈万丰老师、摄影专家程庆元老师，以及本人英国手工高级定制工作室的名师 Henry Francis Humphreys、Andrew Chen，同时感谢本人服装定制技能大师工作室的骨干成员：程庆元、沈晨、吴国华、陆斌、李麟卉、沈曦、徐子纯，以及东华大学出版社领导和编辑老师们对于本书出版的重视和支持。

参考文献

[1] 许才国，鲁兴海．高级定制服装概论 [M] . 上海：东华大学出版社，2009.

[2] 克莱尔·B. 谢弗．服装高级定制：高级女装制作技术精解 [M] . 王俊，译．上海：东华大学出版社，2018.

[3] 克莱尔·B. 谢弗．服装高级定制：CHANEL 高级女装制作技术解密（上装）[M]. 王俊，朱奕，译．上海：东华大学出版社，2018.

[4] 陈万丰．中国红帮裁缝发展史 [M]. 上海：东华大学出版社，2007.